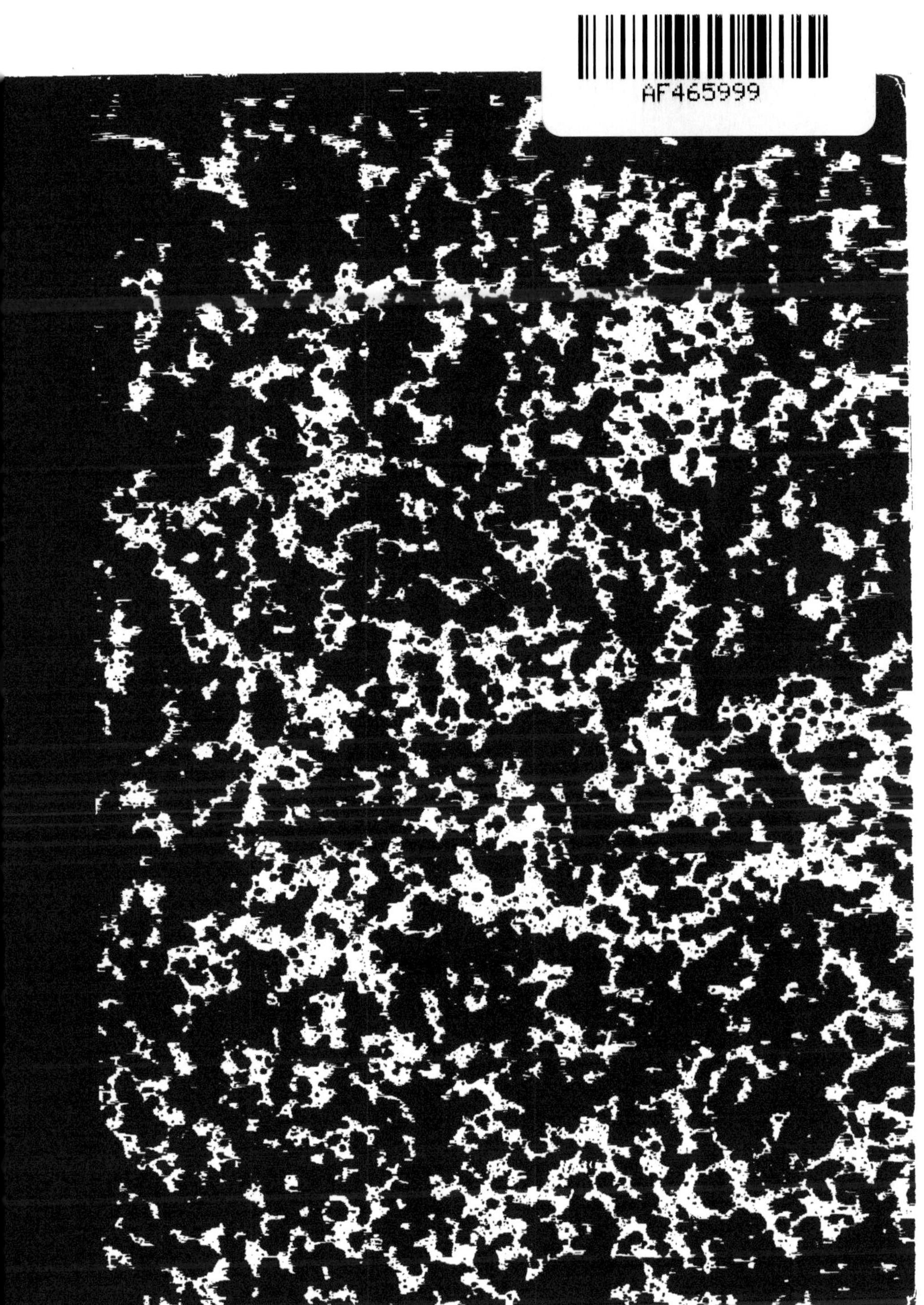

LEÇONS

SUR

L'ART DE LEVER LES PLANS

COMPRENANT

LES LEVERS DE TERRAIN ET DE BATIMENT,

LA PRATIQUE DU NIVELLEMENT ORDINAIRE

ET LE LEVER DES COURBES HORIZONTALES

A L'AIDE DES INSTRUMENTS LES PLUS SIMPLES.

OUVRAGE UTILE

AUX PROPRIÉTAIRES, AUX AGENTS DES TRAVAUX PUBLICS,
AUX INSTITUTEURS PRIMAIRES, AUX ÉLÈVES DES ÉCOLES NORMALES ET INDUSTRIELLES,
ET AUX SOUS-OFFICIERS DE L'ARMÉE,

PAR A. LAUSSEDAT,
Capitaine du Génie.

PARIS,
MALLET-BACHELIER, IMPRIMEUR-LIBRAIRE
DU BUREAU DES LONGITUDES, DE L'ÉCOLE IMPÉRIALE POLYTECHNIQUE,
Quai des Augustins, 55.

1861

LEÇONS

SUR

L'ART DE LEVER LES PLANS

COMPRENANT

LES LEVERS DE TERRAIN ET DE BÂTIMENT

LA PRATIQUE DU NIVELLEMENT ORDINAIRE

ET LE LEVER DES COURBES HORIZONTALES

À L'AIDE DES INSTRUMENTS LES PLUS SIMPLES

OUVRAGE UTILE

AUX PROPRIÉTAIRES, AUX AGENTS DES TRAVAUX PUBLICS
AUX INSTITUTEURS PRIMAIRES, AUX ÉLÈVES DES ÉCOLES NORMALES ET INDUSTRIELLES
ET AUX SOUS-OFFICIERS DE L'ARMÉE.

PAR A. LAUSSEDAT

CAPITAINE DU GÉNIE

PARIS

IMPRIMÉ PAR AUTORISATION DE M. LE GARDE DES SCEAUX

A L'IMPRIMERIE IMPÉRIALE

M DCCC LXI

TABLE DES MATIÈRES.

À PARIS,

CHEZ MALLET-BACHELIER,

IMPRIMEUR-LIBRAIRE DE L'ÉCOLE IMPÉRIALE POLYTECHNIQUE,

Quai des Augustins, 55.

PREMIÈRE LEÇON.

OBJET DE LA TOPOGRAPHIE. — DIVISION DES OPÉRATIONS EN DEUX PARTIES : PLANIMÉTRIE ET NIVELLEMENT. — PRINCIPE FONDAMENTAL DE LA PLANIMÉTRIE. — ÉCHELLES. — RÉDUCTION DES DESSINS. Pl. I.

Définition. La topographie, ou l'art de lever les plans, a pour objet la représentation des principaux accidents du terrain, dans leurs véritables positions relatives.

Selon l'usage auquel on les destine, les plans se lèvent avec plus ou moins de détails; dans un grand nombre de cas, les bâtiments et certains travaux d'art doivent être levés à part, de manière à fournir tous les renseignements possibles sur leur construction. On fait alors ce qu'on appelle *un lever de bâtiment*. Les règles à suivre pour exécuter ce genre particulier de lever seront données dans une des leçons de ce cours.

Utilité de la topographie. Les circonstances dans lesquelles on a besoin de consulter les plans et les cartes topographiques, sont trop nombreuses pour qu'il soit nécessaire de les signaler. Mais il y a plus, l'art lui-même de lever les plans a tant d'applications diverses, que toute personne, ayant reçu quelque instruction, a un véritable intérêt à se le rendre familier.

Division des opérations topographiques en deux parties. Les opérations d'un lever topographique se divisent en deux parties : la planimétrie et le nivellement.

Planimétrie. La planimétrie, ou le lever du plan proprement dit, comprend l'ensemble des opérations au moyen desquelles on parvient à tracer sur le papier une figure semblable à la projection horizontale des lignes les plus apparentes et des principaux objets que l'on remarque à la surface du sol[1]. Ainsi, les contours extérieurs des bâtiments, les clôtures de toute espèce, les limites des jardins, des champs, des bois; les bords des routes, des chemins, des rivières, des canaux, des marais et des lacs; les arêtes saillantes ou rentrantes des fossés, des levées de terre ou des déblais, et des travaux d'art en général, des escarpements et des rochers; les plantations régulières, les arbres isolés, les croix, les poteaux, les bornes, sont autant de *détails du terrain* qu'il convient de rapporter sur le plan, quand cela est possible. Il est même important, dans certains cas, de figurer en outre les emplacements des excavations souterraines naturelles ou pratiquées de main d'homme, et quelquefois d'en faire le lever détaillé.

Nivellement. Le relief du terrain, dont le plan n'est que la projection horizontale, s'exprime par les distances verticales des différents points de la surface de ce terrain à un même plan horizontal. Le nivellement, ou l'opération qui sert à déterminer ces distances verticales, doit donc être considéré comme un complément toujours utile et souvent indispensable de la planimétrie.

La construction des plans repose sur le principe de la similitude géométrique. La théorie des levers repose tout entière sur ce que deux triangles et, en général, deux polygones semblables, ont leurs angles homologues égaux et leurs côtés homologues proportionnels. Les procédés que l'on emploie pour lever les plans reviennent, en effet, à supposer différents points remarquables du terrain unis entre eux par des

[1] En définissant le plan une figure semblable à la projection horizontale du terrain, on suppose que le lecteur sait ce que l'on entend par projection et par figures semblables; il est bien essentiel que ces notions élémentaires soient présentes à son esprit, parce qu'on aura sans cesse l'occasion de les invoquer.

lignes droites que l'on projette sur un plan horizontal, puis à mesurer, d'une part, les angles compris entre les projections des droites, et de l'autre, les longueurs de ces projections elles-mêmes; lorsqu'on construit le dessin, les angles sont rapportés tels qu'on les a mesurés, et les longueurs sont réduites dans une proportion qui détermine ce que l'on appelle *l'échelle du plan*.

Des échelles. Avant de construire un plan, on doit donc avoir fait choix d'une échelle convenable qu'on a toujours soin d'y rapporter, et qui sert à prendre, sur ce plan, toutes les mesures dont on peut avoir besoin, sans qu'il soit nécessaire de retourner sur le terrain.

La grandeur de l'échelle dépend principalement de l'objet auquel le plan est destiné, et souvent aussi de l'étendue de terrain que ce plan doit représenter.

Échelles adoptées pour le dessin topographique. Selon les différents cas, il conviendra d'employer les échelles suivantes :

1° $\frac{1}{500}$ ou 2 millimètres pour 1 mètre, pour le lever d'un terrain de peu d'étendue, sur lequel on veut figurer, avec beaucoup de détail, certains travaux d'art existants ou en projet.

2° $\frac{1}{1000}$ ou 1 millimètre pour 1 mètre, pour le lever d'un terrain plus étendu dont on veut néanmoins définir la surface avec une grande exactitude.

3° $\frac{1}{2{,}000}$ ou 1 millimètre pour 2 mètres, lorsque le plan doit comprendre une grande étendue de terrain et donner une idée complète des relations de position d'établissements ou de travaux d'art assez distants les uns des autres.

4° $\frac{1}{5{,}000}$ ou 1 millimètre pour 5 mètres, pour les levers qui doivent comprendre une ville ou plusieurs villages et le terrain environnant, jusqu'à une assez grande distance.

Autres échelles des cartes topographiques. Pour les autres échelles que l'on peut avoir à employer dans les levers topographiques moins détaillés, on choisira, selon les circonstances, parmi celles de $\frac{1}{10,000}$ ou 1 millimètre pour 10 mètres, $\frac{1}{20,000}$ ou 1 millimètre pour 20 mètres, et $\frac{1}{50,000}$ ou 1 millimètre pour 50 mètres. On aura rarement besoin de descendre au-dessous de cette dernière pour des cartes manuscrites.

Échelles des dessins de bâtiments. Pour les plans d'ensemble indiquant la disposition générale de plusieurs bâtiments, on peut adopter l'échelle de $\frac{1}{500}$ ou de $\frac{1}{1,000}$; pour les plans, coupes et élévations destinés à faire connaître les différentes parties de la construction, on se sert, en général, de l'échelle de $\frac{1}{200}$ ou de 5 millimètres pour 1 mètre, et quelquefois de celle de $\frac{1}{100}$ ou de 1 centimètre pour 1 mètre; enfin, pour les détails d'architecture, de menuiserie, de serrurerie, on emploie les échelles de $\frac{1}{20}$, $\frac{1}{10}$, $\frac{1}{5}$, $\frac{1}{2}$, et même celle de $\frac{1}{1}$, c'est-à-dire que, dans ce dernier cas, on dessine les objets en vraie grandeur.

Avantages des échelles qui présentent un rapport simple avec l'unité de mesure. On remarquera que toutes les échelles que nous venons d'indiquer appartiennent à l'une des trois séries décimales :

$$\frac{1}{1},\ \frac{1}{10},\ \frac{1}{100},\ \frac{1}{1,000},\ \frac{1}{10,000}$$

$$\frac{1}{2},\ \frac{1}{20},\ \frac{1}{200},\ \frac{1}{2,000},\ \frac{1}{20,000}$$

$$\frac{1}{5},\ \frac{1}{50},\ \frac{1}{500},\ \frac{1}{5,000},\ \frac{1}{50,000}$$

c'est-à-dire qu'elles présentent des rapports simples avec l'unité de mesure dans le système métrique, et qu'elles sont, par conséquent, d'une construction facile; mais il y a plus, cette simplicité du rapport de l'échelle permet de traduire immédiatement, au moyen d'un double décimètre bien divisé, les mesures prises sur le terrain et qu'il faut reporter sur le papier, ou, réciproquement, de lire les distances ou les longueurs sur le dessin, sans l'intermédiaire de l'échelle qui n'en doit pas moins être tracée avec soin, pour le cas où l'on se trouverait ne pas avoir un double décimètre sous la main.

Construction de l'échelle. Pour tracer une échelle, on commence par tirer au crayon une ligne droite, sur laquelle on applique un double décimètre, dont les divisions servent à marquer les parties de l'échelle; par exemple, s'il s'agit de l'échelle de $\frac{1}{1,000}$ ou de 1 millimètre pour 1 mètre, on marquera les points qui correspondent aux divisions des centimètres, que l'on numérotera en partant de la gauche : 0, 10, 20, etc. on construirait de même les échelles de $\frac{1}{100}$, $\frac{1}{10.000}$, en ayant soin seulement de changer le numérotage, qui deviendrait 0, 1, 2, 3..... dans le premier cas, et 0, 100, 200, 300..... dans le second. Pl. I, fig. 1re.

Pour les échelles de $\frac{1}{200}$, $\frac{1}{2.000}$, $\frac{1}{20,000}$, etc. on marquerait les points correspondants aux divisions de 5 millimètres en 5 millimètres, et pour celles de $\frac{1}{500}$, $\frac{1}{5,000}$, etc. les points correspondants aux divisions de 2 centimètres en 2 centimètres.

Chaque échelle est en outre prolongée, à gauche du zéro, d'une longueur égale à une de ses parties, que l'on subdivise en millimètres ou même en demi-millimètres, et, que l'on numérote de droite à gauche; enfin, on passe ce tracé à l'encre, et, pour rendre l'échelle plus apparente, on tire parallèlement et au-dessous du trait qui a servi à la construction, un second trait beaucoup plus fort, d'une épaisseur à peu près égale à l'intervalle qui le sépare du premier. Ce second trait doit partir seulement du zéro, et ne pas s'étendre à gauche au-dessous des sous-divisions de l'échelle.

Son usage. Supposons que l'on veuille prendre, sur l'échelle de $\frac{1}{1.000}$, une longueur de $73^{m},00$, on posera l'une des pointes d'un compas sur la division 70 et on ouvrira le compas jusqu'à ce que son autre pointe vienne tomber sur le trait de la troisième sous-division, à gauche du zéro; on pourra ensuite transporter cette ouverture de compas sur le plan et mesurer, entre les deux pointes, la distance de $73^{m},00$ à partir de tel point et dans telle direction que l'on voudra; si, au lieu de 73 mètres exactement, on voulait prendre $73^m,60$, par exemple, on amènerait la seconde pointe du compas entre la 3ᵉ et la 4ᵉ sous-division, en estimant à vue les dixièmes.

Pl. I, fig. 2. Tant que l'on ne fait usage que des échelles décimales, il est avantageux, pour construire les dessins, de prendre, sur le double décimètre même, les distances qui doivent être portées sur le papier, parce que ces distances, exprimées en mètres et en fractions décimales du mètre sont faciles à évaluer, et que, d'un autre côté, les divisions du double décimètre sont toujours plus exactes que celle d'une échelle tracée à la main.

Mais si l'on se trouvait accidentellement obligé de se servir d'une échelle qui ne serait pas décimale, c'est-à-dire qui ne serait pas comprise dans l'une des trois séries indiquées ci-dessus, il deviendrait préférable d'employer une autre disposition dont voici le tracé.

Supposons qu'il s'agisse de l'échelle de $\frac{1}{7.200}$ ou de 1 millimètre pour $7^m,20$; on trouvera par une proportion que 1,000 mètres seraient représentés par $0^m,1389$; sur une première ligne droite tracée, au crayon, on portera, au moyen d'un double décimètre, à partir d'un point marqué zéro, et vers la droite, une longueur de $0^m,1389$, que l'on divisera en dix parties égales; on portera, en outre, une de ces parties vers la gauche, et on la subdivisera elle-même en dix parties égales, dont chacune représentera 10 mètres, dans l'exemple actuel. Cela fait, on mènera à la première ligne dix parallèles également espacées, dont l'intervalle commun peut être d'ailleurs arbitraire, et que l'on numérotera de 1 à 10 en remontant; par les points de division, à droite du zéro, on élèvera des perpendiculaires qui couperont ces parallèles; enfin, à gauche de la perpendiculaire élevée au point zéro, on marquera les subdivisions sur la parallèle supérieure numérotée 10, puis on joindra, par des transversales, le point zéro de la ligne inférieure avec le trait n° 1 de la ligne supérieure, le trait n° 1 de la première avec le trait n° 2 de la dernière et ainsi de suite; il est aisé de voir, d'après cette construction, que les longueurs interceptées entre la perpendiculaire et la transversale qui passe par la division zéro seront : un dixième, deux dixièmes, trois dixièmes, etc. de chacune des subdivisions qui se trouvent à gauche du zéro de l'échelle.

Quant aux autres transversales, elles ne font évidemment qu'ajouter sur chaque parallèle des longueurs égales à celles qui sont indiquées par le rang des divisions correspondantes de la ligne inférieure.

Dans l'exemple que nous avons pris, les subdivisions de la ligne inférieure représentant 10 mètres, au moyen des transversales on pourra évaluer les mètres, tandis que l'échelle simple n'aurait donné exactement que les centaines et les dizaines, et qu'il aurait fallu évaluer les unités à vue.

Ainsi, pour prendre une distance de 336 mètres, on n'aura qu'à appliquer l'une des pointes du compas sur la perpendiculaire 300, au point où elle croise l'horizontale 6, puis à ouvrir les branches jusqu'à ce que la seconde pointe vienne rencontrer la transversale qui part de la 3e subdivision.

Toutefois, nous répétons que la construction assez délicate des échelles à transversales doit en faire limiter l'emploi aux cas où elles sont prises en dehors des séries décimales, et que, pour les échelles décimales, il est au moins aussi exact de se servir simplement d'un double décimètre.

Réduction des plans. On a souvent besoin de *réduire* un plan à une échelle plus petite. Voici le moyen le plus simple de procéder à cette opération :

On commence par tracer sur le dessin un système de lignes droites formant des carrés égaux; puis, sur la feuille de papier destinée à recevoir la copie réduite, on fait un tracé semblable, tel que les côtés des nouveaux carrés et ceux des premiers soient entre eux dans le rapport des échelles. Quand la longueur des côtés a été convenablement fixée, il est ordinairement assez facile de dessiner ensuite, dans chacun des carrés blancs, des figures semblables à celles qui se trouvent comprises dans les carrés homologues du plan original. Il faut seulement avoir soin de supprimer, dans la réduction, les détails qui ne pourraient y figurer sans confusion.

On s'aide quelquefois, dans cette opération, d'un instrument très-simple, connu sous le nom de *compas de réduction*, dont l'usage se comprend à première vue.

DEUXIÈME LEÇON.

INSTRUMENTS EN USAGE POUR MESURER LES DISTANCES. — CHAINE. — RÈGLES DIVISÉES. — FIL A PLOMB. — NIVEAU DE MAÇON. — MANIÈRE DE MESURER, A L'AIDE DE CES INSTRUMENTS, LES DISTANCES HORIZONTALES OU VERTICALES. Pl. I et II.

L'opération qui se répète le plus fréquemment dans un lever, est la mesure des distances ou des longueurs, tant horizontales que verticales; elle s'exécute au moyen de la chaîne ou de règles métriques de différentes grandeurs, en s'aidant, au besoin, du fil à plomb et du niveau de maçon.

De la chaîne. La chaîne, dont la longueur est ordinairement de dix mètres, est composée de chaînons en gros fil de fer, réunis entre eux par des anneaux et que l'on peut replier les uns sur les autres de manière à en former un faisceau de petite dimension. Lorsque la chaîne est développée et soumise à une légère tension, l'intervalle entre les centres des anneaux consécutifs doit être de $0^{m},20$; les anneaux qui marquent les mètres sont en laiton et l'on distingue celui qui se trouve au milieu de la chaîne, soit en le faisant plus grand que les autres, soit en y attachant un petit bout de fil de fer. Les chaînons extrêmes sont terminés par des poignées qui servent à la manœuvre de l'instrument sur le terrain; enfin la chaîne doit toujours être accompagnée d'un paquet de dix *fiches* ou tiges en fil de fer terminées par un anneau, au moyen desquelles on marque ses extrémités successives, lorsqu'on la porte plusieurs fois de suite sur la direction de la longueur que l'on veut mesurer.

Pl. I, fig. 3. — Pl. I, fig. 4.

Mesurage d'une distance en terrain horizontal. Le chaînage d'une distance en terrain horizontal et découvert ne présente aucune difficulté; cependant, comme le topographe peut être obligé de confier cette opération à des manœuvres peu exercés, il faut qu'il commence par leur enseigner la meilleure marche à suivre pour éviter des erreurs, particulièrement dans le compte des fiches.

Voici les indications les plus utiles à ce sujet :

Supposons le point de départ marqué sur le terrain par un piquet,
Pl. I, fig. 5. et le point d'arrivée signalé par un *jalon*, espèce de bâton ferré, de deux mètres de longueur environ, que l'on enfonce verticalement dans le sol; la chaîne étant développée sur cette direction, l'un des manœuvres, appelés *chaîneurs*, amène la poignée la plus voisine du point de départ tout à fait contre le piquet, tandis que l'autre, agissant sur la seconde poignée, tend légèrement la chaîne en la maintenant près du sol; puis, après avoir obéi aux signes que le chaîneur d'arrière lui fait avec la main, pour l'amener dans l'alignement du jalon, il marque au moyen d'une fiche, posée *extérieurement à la poignée*, un premier point qui se trouve éloigné de dix mètres du point de départ. Les deux chaîneurs se relevant alors, s'avancent en même temps dans la direction du jalon jusqu'à ce que celui qui est en arrière arrive auprès de la fiche, que l'on doit éviter avec soin de renverser, en transportant la chaîne. Pendant toute la durée de l'opération, chacun d'eux tient la poignée dont il est chargé, de la main gauche; celui qui marche en avant porte en outre, dans la même main, le paquet des fiches dont les anneaux sont tournés vers le haut, pour qu'il lui soit plus facile de les saisir de la main droite. Il est maintenu dans l'alignement par les signes du chaîneur d'arrière, et il pose une des fiches en terre à chaque portée de la chaîne, jusqu'à ce qu'il les ait épuisées. La longueur mesurée à ce moment est de 100 mètres [1]. Les deux chaîneurs portent encore une fois la chaîne

[1] Quelques topographes désignent sous le nom de *portée* la distance de 100 mètres; mais au lieu de s'assujettir à cette convention, il paraît plus naturel

au delà, et celui d'arrière, qui a ramassé successivement les neuf premières fiches, enlève aussi la dixième, après avoir appliqué la poignée de la chaîne, comme à l'ordinaire, au point même où la tige est enfoncée dans le sol; le chaîneur d'avant abandonne alors, pour un instant, la poignée de la chaîne à terre, afin d'éviter de replier celle-ci sur elle-même et de l'embrouiller, et vient prendre le paquet des dix fiches des mains de celui d'arrière; après quoi il retourne à son poste, tend la la chaîne, enfonce une fiche à son extrémité, et la mesure se continue comme auparavant.

Évaluation de la mesure. Autant de fois le chaîneur d'arrière a rendu le paquet des fiches à celui d'avant qui lui remet en échange une bille ou un caillou, autant il y a de centaines de mètres dans la longueur mesurée; le nombre de dizaines est donné par celui des fiches ramassées par le chaîneur d'arrière, *sans oublier la dernière posée;* enfin, pour les mètres et les fractions du mètre qui complètent la mesure, le chaîneur d'avant étant parvenu au jalon et ayant placé l'extrémité de la chaîne sur le point d'arrivée, le chaîneur d'arrière abandonne sa poignée et s'approche de la dernière fiche le long de laquelle il tend la chaîne; il compte ensuite, à partir du jalon, les anneaux qui marquent les mètres, puis les chaînons de $0^{m},20$, et il estime enfin les centimètres sur celui qui touche la fiche.

Supposons que les fiches aient été rendues deux fois au chaîneur d'avant, et que celui d'arrière ait depuis ramassé quatre fiches, y compris celle auprès de laquelle il a tendu la chaîne en dernier lieu, qu'enfin la distance de cette même fiche au point d'arrivée ait été trouvée de $7^{m},28$, la longueur mesurée sera, dans ce cas, de $247^{m},28$.

Comme il arrive souvent que les chaîneurs oublient de compter la dernière fiche, il est indispensable de leur faire répéter deux ou trois

d'appeler portée la longueur de 10 mètres que les chaîneurs parcourent chaque fois qu'ils se mettent en mouvement.

fois la manœuvre qui vient d'être décrite, avant de s'en rapporter à eux. Il est également nécessaire de faire vérifier le nombre des fiches, au commencement et à la fin de chaque mesure, et même à chaque fois que le chaîneur d'arrière les remet à celui d'avant; enfin toutes les fois que la chaîne a été repliée et qu'on la développe de nouveau, il faut la suivre sur toute sa longueur et défaire les nœuds qui se forment souvent près des anneaux.

Mesure des distances sur les terrains en pente. Lorsque le terrain est accidenté et que les pentes y deviennent sensibles, il faut quelques précautions de plus pour que l'opération donne directement les distances horizontales, les seules dont on ait besoin pour construire les plans.

Si l'on chemine en descendant la pente, le chaîneur d'arrière devra continuer à tenir sa poignée près du sol, tandis que celui d'avant tendra la chaîne en l'élevant, de manière à tenir l'autre poignée autant que possible à la même hauteur. Si l'on gravit la pente, la manœuvre sera renversée; dans les deux cas, celui qui aura à élever la main devra être muni d'un jalon qu'il tiendra verticalement, pour résister à la tension de la chaîne, et d'un fil à plomb qui lui servira à projeter sur le terrain l'extrémité dont il est chargé. A défaut de fil à plomb, on se contente quelquefois de laisser tomber une fiche ou une pierre, mais cette pra-
Pl. I, fig. 6. tique peut nuire à l'exactitude de la mesure; on emploie au contraire avantageusement une onzième fiche, ou fiche supplémentaire, renflée à son extrémité inférieure, et dans l'anneau de laquelle est passée une corde qu'on laisse glisser comme celle du fil à plomb; cette fiche s'enfonce dans le sol par son propre poids, ou du moins sa pointe y laisse une trace, et il suffit ensuite de la remplacer par une des fiches de compte.

Lorsque la pente devient trop raide, ou que le terrain se trouve coupé par des haies, des levées de terre, des rochers, qui ne sont cependant pas infranchissables, au lieu de se servir de toute la longueur de la chaîne, on en replie la moitié, ou l'on ne se sert même que des deux ou trois premiers mètres; le topographe qui dirige l'opération doit alors accompagner les chaîneurs, et vérifier lui-même toutes les mesures, qu'il inscrit successivement, pour en faire ensuite la somme.

Étalonnage de la chaîne. Toute l'attention que l'on peut apporter au chaînage deviendrait inutile, si l'on ne s'était pas assuré auparavant que la longueur de la chaîne est exactement de 10 mètres, *poignées comprises*. La manière la plus simple d'effectuer cette vérification consiste à mesurer la même distance, alternativement, avec des règles en bois de 4 mètres et avec la chaîne; si cette dernière est exacte, sur une longueur de 100 mètres, les moyennes des résultats doivent s'accorder à 4 ou 5 centimètres près.

La tension que l'on exerce sur la chaîne, en la portant sur le terrain, finissant nécessairement par l'allonger, il convient de recommencer fréquemment l'opération de l'étalonnage, et, s'il y a lieu, on doit serrer avec un marteau ou une pince, les bouts des chaînes et les anneaux, de manière à ramener la chaîne et ses différentes parties aux longueurs qu'elles doivent avoir. A la vérité, lorsqu'on constate un allongement de la chaîne, il est toujours possible d'en tenir compte; par exemple, si pour 100 mètres mesurés avec des quadruples mètres, la chaîne donnait $98^m,50$, ce serait $0^m,015$ par mètre qu'il faudrait ajouter à chaque mesure exécutée avec la chaîne; mais il est toujours préférable de ne pas avoir à s'occuper de cette correction et de restituer à la chaîne sa longueur normale.

Degré d'exactitude des mesures. L'expérience a prouvé que des manœuvres un peu exercés mesurent les distances avec la chaîne à moins d'un millième près, c'est-à-dire que sur 1,000 mètres, on n'a pas à craindre plus d'un mètre d'erreur, ce qui est très-suffisant pour les levers qui ne comprennent pas une grande étendue de terrain; pour les distances qui doivent être obtenues avec une exactitude particulière, on recommence la mesure une ou deux fois et l'on prend la moyenne des résultats.

Pl. I, fig. 7, 8, et 9.

Règles divisées. Les règles que l'on emploie dans les levers sont : le mètre, le double mètre et le quintuple mètre; elles sont divisées en décimètres et subdivisées en centimètres; les règles d'un mètre et de deux mètres sont généralement méplates et assez minces, tandis que celles de 5^{m},00, plus exposées à fléchir, sont beaucoup plus fortes; elles sont toutes en bois léger et terminées par des talons en fer qui sont comptés dans leur longueur. En général, les mesures que l'on trouve dans le commerce sont construites avec assez de soin pour que l'on puisse compter sur leur exactitude; cependant, si l'on avait quelque motif d'en douter, ou s'il s'agissait d'une opération qui exigeât un assez grand degré de précision, on devrait les vérifier au moyen d'un étalon [1].

Pl. II, fig. 10.

Mesure des distances au moyen des règles. Pour mesurer les distances au moyen des règles, on en emploie ordinairement deux de même longueur que l'on porte horizontalement et bout à bout, en prenant la précaution de ne pas les heurter l'une contre l'autre.

Lorsqu'on mesure sur un terrain en pente, on rend les règles horizontales au moyen d'un niveau de maçon; au lieu de les porter bout à bout, on procède comme avec la chaîne, en appuyant une extrémité de l'une des règles au point de départ, et projetant l'autre extrémité sur le sol avec un fil à plomb; puis partant de cette projection, soit avec la même règle, soit avec une deuxième, on continue de la même manière jusqu'à ce que la dernière portée dépasse le point d'arrivée. Au-dessus de ce point, on fait tomber alors un fil à plomb qui touche la règle, sur les divisions de laquelle on lit la fraction qu'il faut ajouter à la somme des portées dont on a dû tenir note.

Les règles divisées sont principalement employées dans les levers de bâtiments et pour prendre les mesures de détails dans les levers topographiques. On s'en sert aussi quelquefois pour mesurer d'assez grandes

[1] Il existe des mètres-étalons dans les mairies des principales villes de France.

distances sur le terrain, lorsqu'on a besoin d'opérer avec beaucoup de précision. Dans ce dernier cas, elles sont établies sur des supports et leur manœuvre exige des précautions particulières.

Fil à plomb. Le fil à plomb est un cordeau ou un fil assez fort à l'une des extrémités duquel est suspendu un poids, terminé inférieurement par une pointe qui doit se trouver dans le prolongement du fil, lorsque celui-ci est tendu sous l'action du poids. Pl. II, fig. 11.

La direction du fil est celle de la verticale dont on a besoin à chaque instant.

Niveau de maçon. Le niveau de maçon[1] se compose d'un fil à plomb suspendu au sommet *A* d'un angle ordinairement rectangle, formé de deux morceaux de règles en bois *A D*, *A E*, réunis par une traverse *B C* au-dessous de laquelle le poids peut osciller librement, lorsque les extrémités *D* et *E* reposent sur un plan; au milieu de cette traverse se trouve un trait de repère *m m* que le fil doit recouvrir lorsque la ligne qui passe par les extrémités *D* et *E* est horizontale. Pour vérifier ce niveau, c'est-à-dire pour reconnaître si le trait *m m* est exactement tracé, on pose les extrémités *D* et *E* sur un plan quelconque, peu incliné toutefois, et l'on marque en *n n* la trace du fil à plomb sur la traverse *B C*, puis on retourne l'instrument bout pour bout, de manière à amener l'extrémité *D* au point qu'occupait d'abord l'extrémité *E* et réciproquement; on marque la nouvelle trace *p p* du fil, et le trait *m m* doit se trouver au milieu de l'intervalle des deux traits *n n* et *p p*. En effet, si le trait *m m* est bien tracé, la ligne *A m* est perpendiculaire sur *D E*, et d'un autre côté la verticale *A n*, par exemple, est perpendiculaire sur l'horizontale *I H*. L'angle *n A m* est donc égal à l'angle *G I H* que la droite *D E* fait avec l'horizon, et lorsqu'on retourne le niveau, l'angle *p A m* formé de l'autre côté du trait *m m* est encore égal à *G I H*; Pl. II, fig. 12. Pl. II, fig. 13.

[1] La simplicité de cet instrument et de son usage permet d'en faire la description avant d'avoir abordé la théorie du nivellement.

A m est donc la bissectrice de l'angle *n A p*, et par conséquent, *m m* doit partager également l'intervalle des deux traits *n n* et *p p;* lorsque cela n'a pas lieu, on enlève le trait fautif et l'on en marque un autre qui satisfasse à la condition indiquée.

USAGE DU FIL À PLOMB ET DU NIVEAU DE MAÇON. Le fil à plomb et le niveau de maçon sont fréquemment employés dans le lever des détails; on a déjà vu comment, en les associant aux règles divisées, on s'en servait pour mesurer les distances horizontales. On conçoit facilement qu'une opération semblable peut donner en même temps la différence de niveau des deux points du terrain qui correspondent aux extrémités de la règle, d'où l'on conclut la pente du terrain. En effet, la règle *a b* étant horizontale, si l'on applique à son extrémité *b* une autre règle *c d* que l'on rendra verticale au moyen du fil à plomb, il est clair que *b d* sera la différence de niveau des points *a* et *d*. Supposons, par
Pl. II, fig. 10. exemple, que la règle *a b* ait 2 mètres de longueur et qu'on lise en *b* sur la règle *c d*, $0^m,40$, le zéro étant au point *d*, ce dernier sera plus bas que le point *a* de $0^m,40$ et la pente de *a* en *b* sera de $2^m,00$ de base pour $0^m,40$ de hauteur ou, en nombres ronds, de $\frac{1}{5}$.

TROISIÈME LEÇON.

MÉTHODES GÉNÉRALES EMPLOYÉES EN TOPOGRAPHIE. — DU CANEVAS POLYGONAL. — COMMENT ON EN FAIT LE LEVER. — MÉTHODES DE LA DÉCOMPOSITION DES POLYGONES EN TRIANGLES; DES INTERSECTIONS; DES CHEMINEMENTS. — LEVER AU MÈTRE ET A L'ÉQUERRE D'ARPENTEUR. — ARPENTAGE. Pl. II, III, et IV.

DÉFINITION DU CANEVAS POLYGONAL, SON UTILITÉ. Pour procéder au lever d'un terrain que nous supposerons d'une étendue peu considérable, il est nécessaire d'y choisir d'abord un certain nombre de points convenablement espacés formant un seul polygone ou plusieurs polygones contigus qu'on rapporte sur le plan, après les avoir levés avec le plus grand soin. L'exactitude de cette première opération assure celle de l'ensemble du lever, en s'opposant à l'accumulation des erreurs que l'on peut commettre dans la mesure des détails. Les sommets des polygones doivent être distribués de telle sorte qu'il soit facile de rattacher aux droites qui les réunissent deux à deux tous les détails qu'on veut représenter sur le plan.

L'ensemble de ces polygones est ce que l'on appelle un *canevas polygonal;* les opérations de la planimétrie se trouvent donc ainsi divisées en deux parties; le lever du canevas et le lever des détails.

LEVER DU CANEVAS. — MÉTHODE DE LA DÉCOMPOSITION DES POLYGONES EN TRIANGLES. Soit $ABCDEF$, un polygone dont les sommets ont été choisis et marqués sur le terrain. Pl. II, fig. 14.

Si l'on décompose ce polygone en triangles BCD, ABD, etc. par des diagonales, et que l'on puisse mesurer *horizontalement* les longueurs des trois côtés de chaque triangle, il sera facile de construire, à une échelle déterminée, les triangles *bcd*, *abd*, etc. semblables aux premiers, et par suite le polygone *abcdef* semblable au polygone *ABCDEF*.

Cette méthode de *décomposition des figures polygonales en triangles* trouve son application la plus utile dans le cas où, le plan ne devant représenter qu'une faible étendue de terrain, on veut exécuter tout le lever avec la chaîne ou les règles, ce que l'on appelle faire *un lever au mètre.*

Mais il arrive rarement que l'on puisse parcourir toutes les diagonales des polygones du canevas, et il est presque toujours préférable de recourir à l'une des deux méthodes suivantes qui sont plus générales et plus rapides.

Pl. II, fig. 15. Méthode des intersections. Considérons le triangle *ABD* formé par trois des sommets du polygone, et supposons que l'on puisse mesurer seulement la distance *AB*, mais que le point *D* soit visible des deux autres. Après avoir réduit la distance *AB* à l'échelle du plan et l'avoir rapportée sur le papier en *ab*, si l'on détermine les angles *BAD* et *ABD*, et que l'on construise sur la ligne *ab* l'angle *bax* égal à *BAD* et l'angle *aby* égal à *ABD*, le point d'intersection *d* des deux droites *ax* et *by* sera le troisième sommet d'un triangle *abd* semblable à *ABD*. On pourrait construire de même les triangles *abc*, *abe*, *abf* semblables aux triangles *ABC*, *ABE*, *ABF*, pourvu que les points *C*, *E*, *F* fussent visibles des deux *stations* *A* et *B*; et en menant les lignes *cd*, *de*, *ef*, on aurait le polygone *abcdef* semblable à *ABCDEF*.

Cette *méthode*, dite *des intersections*, suppose simplement que chacun des points que l'on veut déterminer soit visible de deux autres déjà rapportés sur le plan; elle est d'une application avantageuse dans le cas des terrains découverts où, d'un même point, on en peut apercevoir beaucoup d'autres; enfin elle permet de déterminer des points *inaccessibles*, ou du moins séparés des stations par des obstacles à travers lesquels on ne pourrait pas passer avec une chaîne, comme un fossé profond, une rivière, etc.

Méthode des cheminements. Admettons maintenant que l'on puisse parcourir les côtés successifs du polygone $ABCDEF$ et en mesurer tous les angles; en partant du point a, sur le plan, prenons ab égal à la distance AB mesurée sur le terrain et réduite à l'échelle adoptée, puis sur ab et au point b faisons un angle abx égal à ABC, et enfin sur la direction bx prenons bc égal à la longueur réduite du côté BC; le troisième point c ainsi déterminé appartiendra, de même que a et b, au plan du polygone $ABCDEF$; les sommets d, e, f se détermineraient d'une manière analogue, en mesurant les longueurs des autres côtés du polygone $ABCDEF$ et les angles de ce polygone, et en rapportant ces mesures sur le plan. Ce mode d'opérer est désigné sous le nom de *méthode des cheminements;* pour l'appliquer, on voit qu'il suffit de pouvoir s'avancer successivement d'un sommet du polygone au sommet suivant, en ne faisant, à chaque station, qu'une mesure d'angle et une mesure de distance; or, en suivant les chemins et les sentiers, en côtoyant les limites de culture, les bords des cours d'eau ou des escarpements, ces mesures sont généralement faciles, et l'on parvient de proche en proche à étendre le canevas sur toute la surface du terrain. La méthode des cheminements est donc très-générale, et il faut ajouter que c'est la seule qu'on puisse employer pour lever le plan des localités où la vue se trouve bornée, comme les terrains plats mais couverts de végétation, ceux qui sont coupés par des haies ou par des murs, les chemins creux, les galeries souterraines, etc. Pl. III, fig. 16.

La méthode des cheminements et celle des intersections s'emploient d'ailleurs simultanément et se prêtent un mutuel secours, quels que soient les instruments dont on dispose. Cependant, on verra par la suite que la méthode des intersections conduit à des résultats plus exacts, en général, avec la planchette qu'avec la boussole, tandis que ce dernier instrument est, au contraire, préférable lorsqu'on veut opérer par la méthode des cheminements.

Vérification du canevas. L'exactitude du plan dépendant essentiellement de celle du canevas, il est nécessaire de vérifier ce dernier avant de commencer le lever des détails.

Pl. II, fig. 14. Vérification du plan d'un polygone levé par la méthode de la décomposition en triangles. Lorsqu'on emploie la méthode de la décomposition en triangles, la vérification consiste à mesurer des diagonales telles que AC, BF, AE, autres que celles qui forment les côtés des triangles, et à voir si leurs longueurs réduites à l'échelle sont égales aux lignes homologues ac, bf, ae du plan.

Pl. III, fig. 17. Vérification des points déterminés par la méthode des intersections. Pour vérifier un point déterminé par la méthode des intersections, on le vise d'une troisième station, et la ligne qui représente la nouvelle direction doit concourir au même point sur le plan; ainsi, le point m qui se trouve à la rencontre des trois lignes ax, by et cm peut être considéré comme représentant exactement le point M du terrain sur lequel on a pris, des trois stations A, B, C, les directions AM, BM et CM; il en est de même des points n et p déterminés par trois autres.

Lorsque les trois lignes qui représentent sur le plan les trois directions menées sur un même point du terrain ne concourent pas exactement en un même point du plan, il faut recommencer les opérations, à moins que le triangle formé par les trois droites ne soit assez petit pour que l'on puisse prendre sans erreur appréciable, pour projection du point du terrain, le centre du cercle inscrit dans le triangle, comme on l'a fait pour le point o de la figure 17.

Remarque relative à la méthode des intersections. Il convient de remarquer à ce sujet que, comme il existe toujours un peu d'incertitude sur la position exacte du point d'intersection de deux droites qui se coupent sous un angle très-aigu, il faut éviter de former des triangles dans lesquels cette circonstance se produirait.

Vérification du plan d'un canevas levé par la méthode des cheminements. — Fermeture des polygones. Les canevas levés par la méthode des cheminements se vérifient par leur construction même; en effet, lorsqu'on rapporte plusieurs polygones contigus sur le papier, si les opérations sont exactes, il faut évidemment que l'on vienne retomber au point de départ, pour le premier polygone, ou sur des points pris pour sommets communs pour les autres. On dit alors que les polygones se ferment, et l'on peut considérer tous leurs sommets comme exactement déterminés. Pl. III, fig. 18.

Recherche de l'erreur de fermeture. Quand un polygone ne se ferme pas, il est en général assez facile de reconnaître si l'erreur qui en est la cause a été faite uniquement sur telle ou telle partie du canevas, ou si elle est le résultat de l'accumulation successive de plusieurs autres; dans ce dernier cas, il faut recommencer les mesures sur le terrain, ou, si cette erreur est très-faible, se borner à la corriger en supposant que les petites erreurs partielles qui la composent ont été commises également à chaque sommet du polygone. On modifie en conséquence la position de chacun de ces sommets, et c'est ce qu'on appelle *répartir l'erreur.*

Les périmètres des différents polygones suivant les chemins, les sentiers, les cours d'eau, les divisions de culture, etc. il est ordinairement facile d'y rattacher les détails qui consistent, pour la plupart, dans les sinuosités des lignes qu'ils côtoient; mais lorsque ces détails sont multipliés et qu'ils s'éloignent des périmètres, afin d'en rendre le lever plus simple et plus exact à la fois, on a encore soin de subdiviser les espaces circonscrits par les polygones, au moyen de nouveaux cheminements appuyés à leurs côtés, pouvant se vérifier de la même manière et auxquels on donne le nom de *traverses.* Pl. III, fig. 18.

Lever au mètre. Le lever au mètre ou à la chaîne est celui qui s'exécute, ainsi que son nom l'indique, au moyen de simples mesures de distances. On l'emploie principalement lorsque, le terrain étant découvert, on peut parcourir celui-ci dans tous les sens et former des triangles dont on mesure les trois côtés. Cette manière d'opérer est très-exacte, mais elle a l'inconvénient d'être peu expéditive, et on la réserve, pour ce motif, à quelques levers partiels qui exigent un soin particulier et qui doivent être exécutés à une grande échelle.

Cependant, s'il arrivait que l'on fût dépourvu des autres instruments dont on fait usage en topographie, et qui permettent d'opérer plus rapidement, on pourrait encore entreprendre de lever au mètre un terrain d'une faible étendue, mais il deviendrait alors nécessaire d'avoir recours à la mesure indirecte des angles, pour pouvoir employer au besoin, soit la méthode des intersections, soit celle des cheminements.

Pl. III, fig. 19. **Mesure indirecte des angles.** Supposons, par exemple, que l'on veuille déterminer l'angle BAC et que l'on ne puisse disposer pour cela que d'une chaîne ou d'un quintuple mètre. On portera successivement deux longueurs égales, l'une sur la direction AB de A en M et l'autre sur la direction AC de A en N, puis on mesurera le troisième côté MN du triangle AMN, ce qui achèvera de déterminer ce triangle, et par suite l'angle BAC que l'on rapportera partout où l'on voudra, sur le papier, en construisant, à une échelle arbitraire, le triangle amn semblable au triangle auxiliaire AMN.

Lorsque l'angle qu'il s'agit de déterminer est très-obtus, et que l'on peut prolonger l'un de ses côtés, on a plus tôt fait et il est plus exact, en général, de déterminer son supplément.

Enfin, lorsque l'intérieur de l'angle est plein, comme serait l'angle des deux faces d'un mur de revêtement, on prolonge encore l'un des côtés de l'angle, et l'on opère sur son supplément. Il faut observer que cette méthode, très-simple d'ailleurs, serait peu exacte si l'angle cherché était très-aigu ou très-obtus, ou encore si les côtés du triangle auxiliaire étaient pris trop petits.

Pl. III, fig. 20. **Lever des détails.** Les détails peuvent se rattacher aux sommets et aux côtés du canevas par des méthodes analogues à celles que l'on emploie pour lever le canevas lui-même.

Ainsi *a*, *b*, *c*, étant trois sommets d'un canevas, placés à une petite distance du bord d'une rivière, en stationnant successivement en chacun de ces sommets, on pourra lever les points 1, 2, 3, 4, 5, 6, situés sur le bord opposé, par la méthode des intersections, et si ces points sont assez rapprochés les uns des autres, en les joignant par un trait continu on aura l'un des bords rapporté sur le plan. Pour lever l'autre bord, on se servira des mêmes directions, ou l'on en prendra de nouvelles, et l'on y portera des distances *a*8, *a*9, *b*10, *b*11 . . . *c*14 égales aux distances correspondantes, mesurées sur le terrain et réduites à l'échelle du plan.

Lever par rayonnement. — Méthode des coordonnées. Quand, d'un seul point, on en détermine ainsi un certain nombre d'autres, on dit que l'on opère par *rayonnement*. L'exemple précédent résume les deux cas des points accessibles et des points inaccessibles auxquels on peut appliquer les méthodes générales. Pour déterminer les points accessibles on pourrait également former des triangles dont on mesurerait les trois côtés; mais la méthode la plus simple est celle qui est désignée sous le nom de méthode des *coordonnées*. Elle consiste à rapporter chaque point par sa distance à l'un des côtés du canevas, et par la distance du pied de la perpendiculaire abaissée de ce point sur le côté du canevas à l'une des extrémités de ce côté; ainsi le point *m* est déterminé par les deux distances mm' et am' qu'on appelle les *coordonnées* de ce point; mm' est l'*ordonnée*, am', l'*abscisse* et la ligne *ab* est la ligne des abscisses. Les points *n*, *p*, *q* . . . . . sont déterminés de même par leurs coordonnées nn', an'; pp', ap', *etc.* Pl. III, fig. 21.

Pour élever ou abaisser des perpendiculaires sur une direction donnée sur le terrain, on se sert de *l'équerre d'arpenteur*.

Description de l'équerre d'arpenteur. Cet instrument se compose d'un prisme à huit pans ou d'un cylindre creux en cuivre *A*, de cinq Pl. III, fig. 22.

ou six centimètres de diamètre et de sept ou huit de hauteur, monté sur une douille *B* qui se fixe sur le sommet d'un bâton *C*, ferré à son extrémité inférieure pour pouvoir être planté en terre; quatre fentes d'un millimètre de largeur pratiquées suivant des génératrices, ou mieux, quatre ouvertures au milieu desquelles sont tendus des fils de soie, permettent de voir à travers le prisme ou le cylindre, et de viser des objets situés à une certaine distance. Les fils opposés considérés deux à deux déterminent deux plans d'alignements rectangulaires.

Vérification de cet instrument. Pour vérifier l'équerre d'arpenteur, c'est-à-dire pour s'assurer que les deux plans d'alignements que cet instrument détermine sont perpendiculaires entre eux, on se transportera sur un terrain découvert où l'on plantera verticalement le bâton qui porte l'équerre, en s'aidant d'un fil à plomb, puis regardant successivement par chacune des quatre fentes, on enverra chaque fois, à quarante ou cinquante mètres de l'instrument, un jalon que l'on fera planter sur l'alignement correspondant. Cela fait, sans changer le bâton de place, on fera pivoter l'équerre d'un quart de tour, c'est-à-dire jusqu'à ce que l'un des alignements vienne passer de nouveau par deux jalons opposés; lorsque l'instrument est exact, il est clair que les deux autres jalons doivent également se trouver sur le second alignement; s'il n'en était pas ainsi, il faudrait déplacer légèrement l'un des quatre fils.

Pl. III, fig. 23. Usage de l'équerre. Pour élever, au moyen de l'équerre, une perpendiculaire sur une direction *AB* tracée sur le terrain, par un point *m* donné sur cette direction même, il suffit de placer l'équerre en ce point; et de la faire tourner, jusqu'à ce qu'en regardant par deux fentes opposées on aperçoive sur l'alignement des deux fils, d'un côté, le point *A*, et de l'autre, le point *B*; en envoyant alors un jalon en *C* sur l'alignement des deux autres fils, ce jalon et le point *m* détermineront la perpendiculaire à *AB*.

Mais lorsqu'il s'agit d'abaisser une perpendiculaire d'un point *m* situé hors de la direction AB, le problème ne peut plus se résoudre que par tâtonnement; voici comment on doit alors s'y prendre.

L'opérateur s'étant porté d'abord sur le prolongement de la ligne AB, fera planter sur cet alignement un troisième jalon C entre A et B, après quoi il viendra se placer aussi près qu'il le pourra de la direction de la perpendiculaire abaissée du point m sur AB, tout en restant sur cette dernière ligne, ce qui sera facile, puisqu'il aura toujours pour s'aligner le jalon C et l'un des jalons A ou B. Supposons que l'équerre ait été placée ainsi en E'; en élevant en ce point la perpendiculaire $E'm'$ sur AB, on verra, par exemple, que sa direction passe à droite du point donné m; il faudra donc se porter vers la gauche d'une quantité que l'on tâchera d'estimer. Mais il peut arriver que l'on dépasse, dans le sens opposé, le point E où viendrait tomber le pied de la perpendiculaire abaissée du point m, et que l'on aille ainsi jusqu'en E''; on reconnaîtra de même, au moyen de l'instrument, que la perpendiculaire élevée en E'' passe à gauche du point m, et l'on reviendra sur la droite en resserrant de plus en plus l'intervalle dans lequel on se déplace, jusqu'à ce que l'on ait trouvé le point E où la perpendiculaire élevée sur AB ira passer par le point m.

Pl. III, fig. 24.

Le jalon intermédiaire C n'est pas indispensable. On peut, en effet, se placer entre deux points A et B et sur leur alignement, au moyen de l'équerre elle-même, par un tâtonnement analogue à celui qui vient d'être décrit. Or, une fois placé sur un alignement, il est facile de s'y maintenir, et l'on achève l'opération comme il a été expliqué.

Lever à l'équerre et à la chaîne. Les deux alignements donnés par l'équerre en un point quelconque du terrain étant représentés sur le papier par deux droites ox et oy perpendiculaires entre elles et prolongées indéfiniment, on peut déterminer immédiatement les positions relatives d'autant de points que l'on voudra par leurs distances à ces deux droites.

Pl. IV, fig. 25.

Si l'on connait, par exemple, les distances d'un point A aux deux alignements, on portera sur ox et sur oy, à l'échelle du plan que l'on veut construire, des longueurs om et on représentant les deux distances, et par les points m et n, on élèvera des perpendiculaires, dont l'intersection a sera la projection du point A. En opérant de même, on déterminerait les projections b, c, d, etc. par leurs distances aux deux lignes $o\,x$ et $o\,y$ que l'on nomme *axes des coordonnées*.

D'après cela, on voit qu'au moyen de l'équerre et de la chaîne on parviendra à lever un polygone quelconque $A\ B\ C\ D\ E\ F$, sans qu'il soit nécessaire de mesurer les angles de ce polygone, soit directement, soit indirectement, à la seule condition que l'on puisse déterminer les distances des différents sommets aux deux alignements.

Pl. IV, fig. 25. Il y aurait même encore un moyen de lever le polygone $A\ B\ C\ D\ E\ F$ dont on ne pourrait pas parcourir l'intérieur; il suffirait, en effet, de tracer un rectangle qui envelopperait le polygone, et de rapporter les différents sommets A, B, C, D, E et F à deux des côtés du rectangle que l'on prendrait successivement pour axes des coordonnées, comme on le voit sur la figure.

Cette méthode, qui est assez longue, ne doit être employée que dans quelques circonstances exceptionnelles. Les résultats auxquels elle conduit se vérifieraient d'ailleurs facilement par la mesure des côtés des polygones et leur comparaison avec les lignes homologues du plan.

Pl. IV, fig. 26. **Arpentage.** Les dimensions que l'on prend sur des directions rectangulaires, pour exécuter le lever d'un polygone ou des détails, peuvent encore servir à l'évaluation des surfaces de terrain ou plutôt des projections horizontales de ces surfaces. Supposons, par exemple, qu'on ait à évaluer l'étendue d'un champ dont la limite serait une ligne sinueuse. Après avoir choisi un certain nombre de points tels que A, B, C, D, E, on lèverait le plan du polygone dont ces points formeraient les sommets, et, en décomposant ce polygone en triangles, dont on mesurerait les bases et les hauteurs, il serait facile d'en calculer la surface.

Quant aux parties comprises entre les côtés du polygone et la limite du champ, le meilleur moyen de les mesurer est de les décomposer en trapèzes en élevant des perpendiculaires sur les côtés du polygone.

Les bases de ces trapèzes sont les ordonnées de certains points de la limite, et les hauteurs sont les différences des abscisses de ces points; on admet, de plus, que les points soient assez rapprochés les uns des autres pour que les parties successives de la limite qui forment les quatrièmes côtés des trapèzes puissent être considérées comme rectilignes. Nous n'insisterons pas sur ces opérations, d'ailleurs très-simples, de l'arpentage que nous devions cependant indiquer en passant, pour faire connaître l'un des usages les plus fréquents de l'équerre d'arpenteur et celui même auquel cet instrument doit son nom.

Autres usages de l'équerre d'arpenteur. L'équerre d'arpenteur n'est pas seulement employée dans les levers; elle est encore très-utile dans le tracé des ouvrages de terrassement ou des bâtiments; enfin elle permet de résoudre simplement sur le terrain un grand nombre de problèmes de géométrie pratique.

Croquis cotés. La chaîne et l'équerre d'arpenteur suffisent pour exécuter ce que nous avons appelé un lever au mètre; mais les mesures que l'on prend au moyen de ces instruments, même pour exécuter un lever d'une faible étendue, ont besoin d'être enregistrées avec le plus grand soin. Pour éviter la confusion qui résulterait d'indications plus ou moins vagues, on est dans l'usage de dessiner, à main levée et sans échelle déterminée, des croquis des différentes parties du plan, et d'y inscrire toutes les mesures auprès des lignes auxquelles elles se rapportent. Ces mesures, inscrites sur des dessins s'appellent des *cotes*, et les croquis prennent eux-mêmes le nom de croquis cotés.

Lorsque de semblables croquis sont faits avec soin, c'est-à-dire lorsque aucune mesure n'a été omise et que toutes sont lisiblement inscrites à leur place, on peut, non-seulement attendre pour construire le plan, mais même confier ce travail à une personne qui n'aurait pas été sur le terrain.

QUATRIÈME LEÇON.

Pl. IV et V. LEVER A LA PLANCHETTE. — DESCRIPTION ET USAGE DE CET INSTRUMENT. — LEVER A LA PLANCHETTE PAR LA MÉTHODE DES CHEMINEMENTS; DES INTERSECTIONS. — PROPRIÉTÉS DE CETTE DERNIÈRE MÉTHODE; OPÉRATIONS DONT SE COMPOSE LE LEVER D'UN TERRAIN ASSEZ ÉTENDU. — APPLICATIONS DIVERSES DE LA PLANCHETTE. — TRACÉ DE LA MÉRIDIENNE PAR L'OBSERVATION DES OMBRES ÉGALES.

Pl. IV, fig. 27. DESCRIPTION DE LA PLANCHETTE. La *planchette* est le plus simple des instruments employés à la détermination directe des angles. Elle se compose généralement d'une *tablette* ou *planchette* proprement dite posée sur un *pied*, auquel elle est réunie par l'intermédiaire d'une pièce articulée appelée *genou*.

TABLETTE. La tablette est ordinairement de forme carrée; elle a de 5 à 6 décimètres de côté sur $0^{m},015$ d'épaisseur; pour la rendre plus propre à résister aux alternatives de chaleur et d'humidité auxquelles elle est exposée, on la construit en petites planches de bois blanc très-sec, entourées d'un encadrement en chêne; sa surface supérieure, sur laquelle on tend la feuille de papier destinée à recevoir le plan, doit être parfaitement dressée.

GENOU. Le mécanisme du genou sert à faire varier la position de la tablette, lorsque le pied est établi sur le terrain. En parlant de la manière de mettre l'instrument en station, on indiquera les différents mouvements qu'il peut être utile de donner à la tablette. Celle-ci se fixe au genou par des vis qui pénètrent dans des écrous noyés dans l'épaisseur du bois, de sorte qu'on peut l'enlever et l'emporter dans le cabinet pour passer la minute à l'encre, y ajouter les écritures, etc.

Pied. Le pied doit avoir une grande stabilité, pour que l'on puisse travailler sur la planchette sans la déranger; il est formé de trois fortes branches fixées à leur partie supérieure, par des vis et des écrous à oreilles, à un plateau circulaire, qui est réuni au genou, et terminées à leur partie inférieure par des pointes en fer; en desserrant les écrous, on laisse aux branches la liberté de s'écarter ou de se rapprocher, et en les serrant, on maintient ces branches dans la position qu'on veut leur donner.

Propriété essentielle de la planchette. La planchette étant supposée horizontale, si l'on marque, sur le papier qui la recouvre, un point qui corresponde exactement à celui du terrain que l'on prend pour *station*, les directions allant de la station aux objets environnants se projetteront sur le papier suivant des droites qui passeront par ce point, et les angles compris entre ces droites seront les angles des directions elles-mêmes *réduits à l'horizon.*

Alidade. Pour déterminer les directions des points visibles de la station et les projections de ces directions sur le papier, on se sert d'une *alidade*, qui est, par conséquent, l'accessoire obligé de la planchette.

L'alidade est formée d'une règle $A\ B$ de 0^m,35 à 0^m,40 de longueur et de 0^m,04 à 0^m,05 de largeur sur laquelle s'élève le support vertical $C\ D$ d'un tube quadrangulaire $E\ F$, mobile autour d'un axe horizontal D, et à travers lequel on peut viser sur les objets environnants. Les deux extrémités de ce tube sont garnies de plaques en cuivre; l'une E est percée d'un petit trou appelé *œilleton*, parce que c'est là que l'observa- Pl. IV, fig. 28.

teur place l'œil, et l'autre F a une petite fenêtre ou pinnule qui porte deux fils croisés dont le point d'intersection détermine avec le centre de l'œilleton une ligne de visée assez exacte.

Vérification de l'alidade. Avant de faire usage de l'alidade, il faut s'assurer que, lorsque la règle est posée sur la planchette ou sur tout autre plan horizontal, le plan décrit par la ligne de visée est vertical; pour faire cette vérification, on suspend à quelque distance en avant de l'alidade un fil à plomb sur lequel on amène la ligne de visée, puis, en maintenant la règle de l'alidade dans la même position, on fait tourner le tube et l'on voit si la ligne de visée continue à suivre le fil pendant ce mouvement. Si cette condition ne se trouvait pas remplie, il faudrait faire ajuster l'instrument par un constructeur.

Le bord de la règle doit également se trouver compris dans le plan vertical décrit par la ligne de visée; on le reconnaît en tenant l'instrument de la main gauche, la règle tournée vers un côté éclairé de l'espace, et en faisant tourner le tube avec la main droite de manière à voir le bord de la règle à travers; la ligne de visée doit alors suivre le bord d'un bout à l'autre; mais cette condition n'est pas indispensable, et pourvu qu'on emploie la même alidade pendant toute la durée d'un lever, il n'y a aucune erreur à craindre sur le résultat définitif, car chacune des lignes que l'on trace, en suivant la règle, se trouvant rejetée à droite ou à gauche d'une quantité constante, les angles qu'elles comprennent ne sont pas altérés.

Mise en station de la planchette. Pour disposer l'instrument en chacun des points où on le transporte, de manière à pouvoir opérer, ce qui s'appelle le *mettre en station*, il faut :

1° Rendre la planchette horizontale;

2° Se mettre sur le point, c'est-à-dire faire correspondre verticalement un point marqué sur le papier et le point du terrain qui s'appelle la *station;*

3° Orienter la planchette, c'est-à-dire amener une ligne tracée sur le papier et passant par le point qui représente la station, dans une direction déterminée.

Rendre la planchette horizontale. On rend la planchette à très-peu près horizontale, en écartant ou en rapprochant les branches du pied, selon la disposition du sol sur lequel il faut s'établir. Pour s'assurer que la planchette est horizontale, on pose vers son milieu une bille sphérique qui doit y rester en repos ou qui indique le côté vers lequel elle penche. On emploie encore à la même vérification un petit niveau à bulle d'air, et, dans quelques instruments, le genou est construit de manière à permettre d'imprimer à la planchette des mouvements lents autour de deux axes placés dans des directions rectangulaires, ce qui donne le moyen d'arriver à une horizontalité parfaite; mais cet excès de précision est en quelque sorte superflu; en pareil cas, et le plus ordinairement, on peut s'en tenir à la manœuvre des branches du pied.

Se mettre sur le point. Le genou permet généralement de donner à la planchette, et dans son plan, un mouvement de translation au moyen duquel on peut amener exactement le point de la planchette au-dessus du point du terrain. Pour juger si les deux points se correspondent, on se sert d'un fil à plomb que l'on applique contre la surface inférieure de la planchette, au-dessous du point qui y est marqué (ce qui s'estime aisément), et on laisse glisser le poids jusqu'au piquet qui indique la position du point du terrain. On peut aussi avoir recours au moyen suivant qui est un peu plus rigoureux. Sur le point considéré du plan, et perpendiculairement à la planchette, on fiche une aiguille à coudre, puis en se plaçant à quelque distance, dans deux directions à peu près rectangulaires, on projette le fil à plomb sur l'aiguille et sur le piquet de la station, et l'on déplace au besoin l'instrument tout entier, ou seulement la tablette, jusqu'à ce que les deux plans de projection de l'aiguille passent par la tête du piquet.

Orienter la planchette. Enfin, pour orienter la planchette, on place la règle de l'alidade sur une droite qui représente, en projection, la direction d'un point du terrain visible de la station, et le genou permettant de donner à la planchette un mouvement de rotation autour d'un axe vertical, tandis que la ligne de visée peut prendre toutes les inclinaisons sur l'horizon, on amène cette ligne à passer par le point signalé sur le terrain. D'ailleurs, il est toujours nécessaire, quand on arrive à une station, de donner à la planchette une première orientation approximative, avant de faire correspondre le point du terrain et celui du plan, afin que l'orientation exacte n'altère pas sensiblement cette correspondance.

Suppression du genou. La manœuvre des branches du pied pouvant servir à la fois à se mettre sur le point et à rendre la planchette horizontale, l'orientation qui exige une grande exactitude est en réalité la seule opération pour laquelle il soit indispensable de changer la position de la planchette, lorsque le pied est fixé. Aussi peut-on, dans la plupart des cas, se contenter d'une planchette munie d'un seul mouvement de rotation autour d'un axe vertical passant par son centre de figure. Réduit à ce degré de simplicité, l'instrument a le double avantage d'être plus léger et d'un prix bien moins élevé. Cependant, dans les levers à grande échelle, à $\frac{1}{500}$ ou à $\frac{1}{1.000}$, on fera bien, toutes les fois qu'on le pourra, d'employer la planchette munie d'un genou dont la mise en station s'effectue avec plus de précision.

Pl. V, fig. 29. Lever à la planchette par cheminement. Pour lever à la planchette le polygone $A\,B\,C\,D\,E\,F$ par cheminement, après avoir fait mesurer la longueur de l'un des côtés, $A\,B$ par exemple, que l'on rapporte à l'échelle du plan, en $a\,b$, de manière à faire tenir tout le terrain que l'on veut lever sur la planchette, on se met en station au point B, en s'orientant sur le point A, au moyen de la ligne $b\,a$, puis on fait tourner l'alidade autour du point b, jusqu'à ce que l'on puisse viser sur le point C. On trace alors sur le bord de la règle une ligne sur laquelle on porte la longueur $b\,c$ représentant celle du côté $B\,C$, que l'on a dû faire mesurer pendant que l'on se mettait en station. On se transporte ensuite au point C, d'où l'on détermine la direction $C\,D$, et l'on passe successivement de la même manière aux points D, E et F; lorsque les opérations ont été bien faites, le polygone se ferme exactement, c'est-à-dire que la planchette étant en station au point F, la direction prise sur A doit passer par le point a déjà tracé sur le plan, et la distance $F\,A$, mesurée sur le terrain et réduite à l'échelle du plan, doit être égale à $f\,a$.

Précautions à prendre pour opérer avec la planchette. Il y a plusieurs précautions à prendre pour bien opérer avec la planchette; ainsi, pendant que l'on vise à travers le tube de l'alidade, pour que la règle continue à passer par le point qui représente la station, il est bon de la tenir appuyée contre une aiguille piquée sur ce point.

En traçant la ligne sur le bord de la règle, afin de mieux juger si elle passe par le point, on la prolonge un peu au delà de l'aiguille, dans le sens opposé à celui de la direction sur laquelle on a visé.

Pour passer d'une direction à une autre avec l'alidade, au lieu de la faire tourner autour du point, on l'enlève et on la replace sur la planchette, en l'amenant sensiblement sur la nouvelle direction à observer, de sorte qu'il n'y a plus qu'à la pousser légèrement dans un sens ou dans l'autre pour arriver à un pointé exact. Enfin, avant de quitter la station, on doit toujours replacer l'alidade sur la ligne qui a servi à l'orientation de la planchette, et vérifier si la ligne de visée passe encore exactement par le point correspondant du terrain.

La mise en station de la planchette étant une opération assez longue, on évite, autant que possible, avec cet instrument, de faire usage de la méthode des cheminements, surtout lorsqu'il s'agit de lever des polygones d'un grand nombre de côtés; on cherche, au contraire, à employer la méthode des intersections qui est très-expéditive, puisqu'il suffit de se transporter en deux ou trois points seulement pour en déterminer beaucoup d'autres.

été préalablement étalonnée, on mesure deux ou trois fois la longueur de la base et on prend la moyenne des résultats.

Il arrive quelquefois que les conditions énoncées ci-dessus ne peuvent pas se rencontrer réunies; alors, au lieu de mesurer dans une seule direction, on forme une *base brisée* composée de plusieurs lignes droites dont on détermine les angles avec beaucoup de soin, à l'aide de la planchette.

Triangulation. Les sommets de la triangulation sont pris généralement parmi les points les plus saillants du terrain. Leur nombre aussi bien que leur emplacement dépendent des circonstances locales; on doit seulement s'attacher à les répartir de telle sorte que d'un point quelconque du terrain, situé lui-même à découvert, on en puisse apercevoir au moins 2 ou 3 à la fois.

Quand la base est rectiligne, les points qui en sont trop éloignés ou qui se rapprochent de sa direction, se trouvant aux sommets d'angles très-aigus, on les détermine plus exactement en partant de deux points déjà obtenus sur le plan et pris pour les extrémités d'une *base auxiliaire*. On pourrait même étendre ainsi la triangulation à d'assez grandes distances de la base mesurée, mais alors la planchette ne suffirait plus et il faudrait avoir recours à des instruments susceptibles d'une plus grande précision et dont l'emploi entraîne celui du calcul trigonométrique.

Le réseau de la triangulation appuyée à la base, ou à des lignes *de même grandeur* que cette base, s'appelle le *canevas général* ou le *canevas trigonométrique*. Cette dernière dénomination s'applique plus spécialement au cas où les triangles ont été calculés.

Lever du canevas polygonal ou de détail. On sait déjà que les côtés du canevas polygonal suivent ordinairement les chemins, les sentiers, les bords des cours d'eau, les limites de culture, etc. Les sommets de ce canevas, qui sont pris pour points de départ, se rattachent à ceux du canevas général par les méthodes ordinaires du lever à la planchette ou par l'un des moyens qui seront indiqués à la fin de cette leçon.

Dans les terrains découverts, l'emploi de la planchette est à la fois commode et rapide. Alors le canevas de détail se déduit simplement du canevas général par une triangulation secondaire dont les côtés vont en diminuant successivement de longueur.

Mais lorsque le lever doit renfermer des habitations agglomérées, des masses de végétation qu'il faut contourner, ou que le terrain se trouve coupé par des chemins creux et d'autres accidents qui bornent la vue et gênent l'opérateur, la méthode des cheminements devient seule praticable pour le lever du canevas de détail et il est préférable, dans ce cas, de recourir à la *boussole*, dont la théorie et l'usage seront expliqués dans la leçon suivante. C'est même à l'ensemble des polygones fermés, levés à la boussole, que l'on donne habituellement dans la pratique le nom de *canevas polygonal*.

Lever des détails. Le lever des détails s'exécute, comme il a été expliqué dans la leçon précédente, par l'une ou l'autre des deux méthodes générales ou par la méthode des coordonnées. Pour les points peu éloignés de ceux où l'on se met en station, on peut encore employer avantageusement le *rayonnement*, qui ne diffère de la méthode ordinaire des cheminements qu'en ce que chaque point est déterminé isolément, au lieu d'appartenir à un polygone.

Simplicité de l'emploi de la planchette. La planchette se recommande surtout par la simplicité de sa manœuvre et par celle des constructions graphiques au moyen desquelles on parvient successivement à lever le plan du canevas et celui des détails; d'ailleurs, la théorie sur laquelle est fondé son usage est tellement élémentaire, qu'il n'y a aucune exagération à dire qu'elle est accessible à tout le monde.

Cet instrument permet encore de résoudre graphiquement sur le terrain une foule de problèmes de géométrie pratique parmi lesquels nous indiquerons les deux suivants, parce qu'ils se présentent assez fréquemment en topographie.

Pl. V, fig. 31. Déterminer la position d'une station par trois autres points déjà représentés sur le plan et visibles de la station. Étant donnés sur le plan, les trois points a, b, c qui représentent les projections des points A, B, C du terrain, déterminer celle d'un point M où l'on se trouve et d'où l'on découvre les trois premiers. Cette question s'applique, par exemple, au cas où les positions de 3 sommets de la triangulation étant rapportés sur le plan, l'on veut obtenir ou vérifier la position d'un des sommets du canevas de détail.

Après avoir placé la planchette au-dessus du point et l'avoir rendue horizontale, on y fixe provisoirement un papier transparent sur lequel on marque un point m' correspondant verticalement au point du terrain. En visant les trois points A, B, C, et en traçant le long du bord de la règle de l'alidade les trois lignes indéfinies $m'a'$, $m'b'$, $m'c'$, on détermine les angles que forment les directions prises sur les trois points; on détache ensuite le papier transparent et on le fait mouvoir sur la planchette jusqu'à ce que les points a, b, c se trouvent sur les lignes correspondantes $m'a'$, $m'b'$, $m'c'$. Dans cette position, le point m' représente réellement la projection de la station, on le pique sur la feuille de dessin et sa trace est le point cherché m. Il est d'ailleurs nécessaire, pour l'exactitude du résultat, que les directions menées du point m ou M sur les points A, B, C, ne forment pas entre elles des angles trop aigus, et, par suite, il convient de choisir, parmi les points déjà déterminés, ceux pour lesquels cette condition est le mieux remplie. Il faut encore éviter que la circonférence de cercle qui passe par les trois points choisis a, b, c s'approche trop du point cherché m; car, si ce point se trouvait sur la circonférence même, la géométrie enseigne que sa position y resterait indéterminée.

Pl. V, fig. 32. Détermination d'un point par recoupement. Étant donnés sur le plan les deux points a et b, qui représentent les projections des deux points A et B du terrain, et la direction bx dans laquelle on a vu le point C, lorsque la planchette était en station au point B, on demande de déterminer la projection du point *C* sur le plan. Pour cela, on se mettra en station au point *C* en s'orientant, au moyen de la ligne *b x*, sur le point *B*, puis on appuiera le bord de la règle de l'alidade contre une aiguille fichée sur la planchette, au point *A*, et on la fera tourner autour de cette aiguille jusqu'à ce que la ligne de visée passe par le point *A*; on vérifiera alors si le point d'intersection du bord de la règle de l'alidade avec la ligne *B x* se trouve verticalement au-dessus du point *C* du terrain et, dans ce cas, on tracera la ligne *a y* qui, par son intersection avec la ligne *B x*, donnera le point cherché *c*. S'il n'en était pas ainsi, il faudrait arriver par tâtonnement à remplir cette condition en faisant mouvoir la planchette suivant la ligne *B x*. On désigne l'opération qui sert ainsi à déterminer un point où l'on stationne sous le nom de *recoupement*.

Orientation du plan. Lorsque le plan est terminé et mis au net, il faut toujours y indiquer la direction de la ligne *nord-sud* qu'on appelle la méridienne, et même, lorsqu'on veut entreprendre un lever d'une certaine étendue, on doit repérer cette direction sur le terrain et s'arranger pour que le nord se trouve au haut du cadre du dessin.

Tracé d'une méridienne par la méthode des ombres égales ou des hauteurs correspondantes du soleil. Il existe plusieurs moyens de tracer une *méridienne;* le plus simple consiste à se mettre en station avec la planchette recouverte d'une feuille de papier blanc, dans un lieu découvert; après avoir rendu la planchette horizontale et l'avoir orientée approximativement sur les points cardinaux, on fixe au milieu de l'un de ses côtés (celui qui est tourné vers le sud), une tige métallique *a b* de 20 à 25 centimètres de hauteur, portant à sa partie supérieure une plaque mince ou un simple disque de carton horizontal percé en son centre d'un trou *c* de 3 ou 4 millimètres. Après avoir projeté ce trou sur la planchette au moyen d'un fil à plomb en *p*, on décrit, de ce dernier point comme centre, une série de 5 ou 6 arcs de cercles assez

Pl. V, fig. 33.

rapprochés les uns des autres, dans la région de la planchette où l'on soupçonne que le disque doive porter son ombre quelques heures avant et après midi. Cela fait, vers 9 heures du matin, on se met en observation, un crayon à la main, et chaque fois que le faisceau lumineux passant par le trou du disque coupe l'un des arcs de cercle, on marque le point d'intersection d, e, f. . . . . avec la pointe du crayon. Ces premières observations ayant duré une heure environ, on attend l'après-midi et, de 2 à 3 heures, on reconnaît que le centre éclairé de l'ombre du disque vient rencontrer une seconde fois les arcs de cercle sur lesquels on marque les nouveaux points de passage. Enfin, l'on prend les milieux m, m', m''. . . de toutes les parties interceptées des arcs de cercles, et, si l'on a bien opéré, on trouvera qu'ils sont en ligne droite avec la projection p du trou du disque sur la planchette. On tracera alors cette ligne, qui n'est autre chose que la méridienne cherchée. Pour la repérer sur le terrain on placera la règle de l'alidade en contact avec elle, et on enverra deux jalons sur la direction de la ligne de visée, l'un au nord et l'autre au sud, à 50 ou 60 mètres de la planchette.

Quand on construit le plan, on relève cette direction, et l'on tâche de faire en sorte que deux des côtés du cadre du dessin lui soient exactement parallèles. Dans ce cas, on peut se borner à écrire le mot NORD sur celui des deux autres côtés qui en indique la direction; dans le cas contraire, où les côtés du cadre ne sont pas orientés, on représente la direction de la méridienne par une flèche d'assez grande dimension, dessinée d'une manière apparente, et dont la pointe marque le nord. A défaut d'observations semblables à celles qui viennent d'être indiquées, et qui prennent au moins une journée, on peut tracer une méridienne et orienter un plan au moyen de la boussole, dont l'emploi fera l'objet de la leçon suivante.

CINQUIÈME LEÇON.

LEVER A LA BOUSSOLE. — DESCRIPTION ET USAGE DE CET INSTRUMENT. — REGISTRE DES OPÉRATIONS SUR LE TERRAIN. — OPÉRATIONS GRAPHIQUES. — ORIENTATION DES DESSINS. Pl. VI.

Notions générales sur l'aiguille aimantée. Une aiguille d'acier aimantée, suspendue librement sur un pivot et abandonnée à elle-même, oscille pendant quelques instants de part et d'autre d'une direction dans laquelle elle finit par s'arrêter; transportée dans un lieu voisin, la nouvelle direction qu'elle prend est sensiblement parallèle à la première.

On donne ordinairement à l'aiguille la forme d'un losange très-allongé; le pivot est une simple pointe d'acier placée au-dessous du centre de figure de l'aiguille [1] qui y repose par une chape en agate, pour que le frottement soit le plus faible possible. Lorsque l'aiguille a été équilibrée sur son pivot avant d'être aimantée, on remarque, après lui avoir fait subir cette opération, que l'une de ses pointes s'abaisse et que, par conséquent, l'autre se relève. On peut rétablir l'équilibre en donnant un coup de lime au-dessous de la pointe la plus pesante ou en fixant à l'autre un petit contre-poids.

Déclinaison de l'aiguille aimantée. Supposons les choses dans cet état; alors les mouvements de l'aiguille s'exécutent dans un plan hori-

[1] On sait que le fer et l'acier attirent les pointes de l'aiguille aimantée; mais ici, le pivot, par sa position au-dessous du centre de figure, exerce des actions symétriques sur les deux moitiés de l'aiguille et ne la dévie nullement de sa position naturelle.

zontal et la direction dans laquelle elle s'arrête forme avec la ligne *nord-sud*, c'est-à-dire avec la *méridienne vraie*, un angle que l'on nomme la *déclinaison* de l'aiguille aimantée. Cet angle étant généralement assez petit, la direction indiquée par l'une des pointes de l'aiguille est voisine de celle du nord, et la ligne qui passe par les deux pointes, prolongée indéfiniment, est désignée sous le nom de *méridienne magnétique*. Pour distinguer immédiatement la pointe de l'aiguille qui est tournée vers le nord magnétique, on lui conserve habituellement la teinte bleue que le recuit donne à l'acier, et l'on blanchit l'autre pointe. La déclinaison n'est pas constamment la même dans un même lieu, mais ses variations sont assez lentes ou assez faibles pour qu'on puisse les négliger pendant la durée des opérations d'un lever. Ainsi, vers 1814, à Paris, la déclinaison était de 22° 1/2 à l'ouest, les angles étant comptés à partir du nord vrai, et actuellement, en 1860, elle est encore d'environ 19° 1/2, bien qu'elle soit allée sans cesse en diminuant depuis la première de ces deux époques.

En passant d'un lieu à un autre, la déclinaison varie encore, mais on a reconnu qu'il fallait parcourir des distances de plusieurs lieues pour que la différence devienne appréciable. D'après cela, on admet en topographie, que l'aiguille aimantée transportée en des points quelconques d'un terrain de faible étendue y demeure constamment parallèle à elle-même.

C'est sur cette propriété importante que repose l'application de la boussole au lever des plans.

Pl. VI, fig. 34. DESCRIPTION DE LA BOUSSOLE. La boussole se compose d'une aiguille aimantée de 12 centimètres de longueur environ, dont le pivot occupe le centre d'un limbe circulaire divisé en 360 degrés et en demi-degrés. Les divisions du limbe croissent dans le même sens que les heures marquées sur le cadran d'une montre; ainsi, le zéro étant le point le plus éloigné et 180° le point le plus rapproché de l'observateur, celui-ci a la division 90° à sa droite et la division 270° à sa gauche. Le limbe et le pivot sont fixés dans une boîte carrée de 18 à 20 centimètres de côté, et de 3 à 4 centimètres d'épaisseur, fermée à sa partie supérieure par un couvercle que l'on peut enlever. Au-dessous du couvercle se trouve une lame de verre circulaire de même diamètre que le limbe, dont elle laisse voir les divisions, et destinée à garantir l'aiguille contre les agitations de l'air. Un gros fil de cuivre courbé en cercle et engagé dans une rainure maintient la lame de verre, mais permet aussi de l'enlever facilement lorsqu'on a besoin de toucher à l'aiguille ou à son pivot. Enfin, pour éviter qu'en transportant la boussole, les mouvements brusques de l'aiguille ne viennent à émousser la pointe du pivot, le couvercle de la boîte, en glissant dans une coulisse, touche le ressort d'un levier qui soulève l'aiguille et va la presser contre le verre. Lorsqu'on veut observer, on retire le couvercle, le levier s'abaisse, et l'aiguille vient de nouveau reposer sur le pivot où elle reprend sa mobilité.

Alidade. Deux des côtés de la boîte sont parallèles au diamètre du limbe qui passe par les divisions 0° et 180°; l'un de ces côtés porte en son milieu un axe horizontal, autour duquel une petite alidade peut se mouvoir et prendre toutes les inclinaisons.

Genou et pied de l'instrument. Pour observer sur le terrain, on installe la boussole sur un pied par l'intermédiaire d'un *genou* dont la construction varie d'un instrument à un autre, mais qui est toujours destiné à permettre les mouvements nécessaires pour rendre le limbe horizontal. Le plus simple de ces mécanismes est le *genou à coquilles* que l'on peut adapter à la plupart des instruments dont on fait usage en topographie.

Ce genou est formé d'une courte tige en cuivre fixée au-dessous de la boîte de la boussole et terminée par une sphère qui est saisie entre deux pinces en forme de coquilles. Ces pinces sont portées par une douille que l'on peut emmancher sur le pied. Celui-ci doit être terminé à cet effet, à sa partie supérieure, par une sorte de cylindre ou de tronc de cône en bois ou en cuivre. Une vis de pression permet de serrer ou de desserrer à volonté les coquilles entre lesquelles la sphère peut rouler dans tous les sens, de sorte que l'on parvient, après quelques tâtonnements, à donner à l'instrument la position qu'il convient de lui faire prendre. Le pied de l'instrument se compose de trois branches fixées par des vis et des écrous à oreilles à la partie inférieure du cylindre en bois sur lequel on adapte la douille du genou; les extrémités des branches qui portent sur le sol sont armées de pointes en fer, mais ces pointes sont assez éloignées de l'aiguille pour n'exercer sur elle aucune action sensible.

A l'exception de ces pointes et du pivot de l'aiguille, toutes les autres pièces métalliques de l'instrument sont en cuivre et, lorsqu'on observe, il faut avoir soin de tenir éloignés de la boussole les jalons, la chaîne, le marteau et, en général, tous les objets en fer, même ceux que l'on peut porter sur soi, clefs, couteau, etc.

Mise en station de la boussole. Pour mettre la boussole en station, on commence par écarter les branches du pied de manière à amener le centre de la boîte exactement au-dessus du point du terrain marqué par un piquet; on tâche en même temps de rendre la boussole à peu près horizontale, et alors seulement on enlève le couvercle. L'aiguille, en venant se replacer sur son pivot, se met à osciller et, comme elle décrit un plan horizontal, si ses deux pointes affleurent la circonférence du limbe, c'est que le plan de ce limbe est lui-même horizontal; lorsqu'il en est autrement, on achève de rectifier la position de l'instrument au moyen du genou.

Usage de la boussole; mesure des angles. La boîte de la boussole se meut à volonté autour d'un axe engagé dans la sphère du genou, et qui doit se trouver vertical, à la suite des opérations précédentes. Ce mouvement combiné avec celui de l'alidade, autour de son axe horizontal, permet d'amener la ligne de visée de cette alidade dans une direction quelconque. Supposons donc que l'on vise successivement deux points du terrain, et qu'à chaque observation on fasse la lecture de la division devant laquelle s'arrête la pointe nord de l'aiguille; celle-ci conservant ou du moins reprenant toujours la même direction, tandis que le limbe tourne, lorsqu'on passe du premier point au second, la différence des deux lectures sera évidemment égale à la projection de l'angle compris entre les deux lignes de visée sur le plan du limbe, c'est-à-dire à l'angle de ces deux lignes réduit à l'horizon.

On pourrait donc déterminer ainsi tous les angles compris entre les différents objets visibles d'une même station; mais ce serait méconnaître le principal avantage de la boussole que de s'astreindre à prendre les différences des lectures faites sur le limbe.

Construction immédiate des angles lus sur la boussole. En effet, le plan vertical que l'alidade peut décrire autour de son axe horizontal étant toujours parallèle au diamètre qui passe par les divisions 0 et 180 du limbe, si l'on fait en sorte que l'aiguille se trouve elle-même sur ce diamètre, la projection horizontale de la ligne de visée sera, dans ce moment, parallèle à la méridienne magnétique et si, partant de cette position, on amène ensuite la ligne de visée sur un point quelconque du terrain, le limbe seul ayant tourné, la nouvelle division devant laquelle s'arrêtera l'aiguille donnera l'angle que la projection horizontale du rayon visuel fait avec la méridienne magnétique. Cette projection pourra donc se construire immédiatement sur le papier, en la rapportant à la direction de la méridienne magnétique, laquelle étant constante peut y être tracée arbitrairement et à l'avance.

Pour achever d'étudier la boussole, il faut encore faire connaître les conditions que cet instrument doit remplir et le degré d'exactitude des mesures qu'il sert à prendre.

Vérifications et rectifications de l'instrument. Les conditions principales auxquelles doit satisfaire une boussole sont les suivantes :

1° L'aiguille doit être bien mobile sur son pivot; on juge de son degré de mobilité en l'écartant de 180° de sa position de repos et en comptant le nombre des oscillations qu'elle fait avant de s'arrêter de nouveau. Ce nombre est de 25 ou 30 pour une aiguille qui a toute sa sensibilité; avant de la déplacer, on doit noter la division devant laquelle elle est arrêtée, et vérifier si, après avoir oscillé, elle y revient exactement.

Lorsque le nombre des oscillations est inférieur à 20 ou que l'aiguille ne revient pas exactement à son premier point de repos, il faut voir d'abord si la pointe du pivot n'est pas émoussée, et au besoin la raviver en la frottant avec du papier recouvert d'émeri; si cela ne suffit pas, on en conclut que l'aiguille a perdu sa force magnétique et qu'elle a besoin d'être aimantée de nouveau, ce que l'on peut faire soi-même quand on possède des barreaux aimantés [1].

2° Le pivot doit être placé exactement au centre du limbe; on s'en assure en vérifiant si, dans toutes les positions de l'aiguille par rapport au limbe, les lectures faites en face de chacune des pointes diffèrent de 180°. On peut encore faire cette vérification plus directement en enlevant l'aiguille et en se servant d'un compas dont on approche l'une des pointes du sommet du pivot et l'autre, successivement, de différents points de la circonférence.

Pour corriger le défaut de centrage, on agit avec précaution sur le pivot au moyen d'une petite pince.

3° La ligne de visée doit décrire un plan vertical perpendiculaire à l'axe de rotation de l'alidade; on conçoit, en effet, que s'il en était autrement, l'angle indiqué par la boussole, pour des directions situées dans un même plan vertical passant par la station, varierait avec l'inclinaison de l'alidade.

On procède à cette vérification en suspendant, à une certaine distance en avant de la boussole, un fil à plomb que l'on fait parcourir dans toute sa longueur par la ligne de visée, et en voyant si l'aiguille continue à correspondre à la même division du limbe. Cette condition est

[1] Voir les *Traités de physique*, pour les procédés d'aimantation.

généralement remplie lorsque l'instrument sort des mains du constructeur, et continue à subsister tant que la boîte n'a pas éprouvé de chocs[1].

4° Enfin, le plan décrit par la ligne de visée doit être parallèle au diamètre du limbe qui passe par les divisions 0 et 180. On s'en assurerait, au besoin, au moyen d'une petite alidade posée sur le diamètre 0-180 et dirigée sur un objet éloigné qui devrait être vu en même temps à travers l'alidade de la boussole; mais cette condition de parallélisme n'est pas indispensable, car lorsque le plan décrit par l'alidade est incliné sur le diamètre 0-180, c'est comme si la déclinaison de l'aiguille était un peu plus grande ou un peu plus petite qu'elle ne l'est en réalité, et il suffit d'en tenir compte dans l'orientation du plan.

Degré d'exactitude des mesures. La boussole ayant été vérifiée et rectifiée, le degré d'exactitude que l'on obtient en faisant la lecture des angles ne dépend plus que du diamètre du limbe, c'est-à-dire de la longueur de l'aiguille. Avec une aiguille de 12 centimètres de longueur, les angles s'estiment à 1/4 de degré près.

Limites de la longueur et du nombre des côtés des polygones levés à la boussole. La longueur des côtés des polygones levés à la boussole, ramenée à l'échelle du plan, ne doit pas dépasser sensiblement la moitié de celle de l'aiguille ou le rayon du limbe; or $0^m,06$ à l'échelle de $\frac{1}{2.000}$, par exemple, représentent 120 mètres; dans les levers exécutés à cette échelle les côtés devront donc rester habituellement au-dessous de 120 mètres de longueur. A l'échelle de $\frac{1}{1.000}$, ce maximum se trouverait réduit à 60 mètres; toutefois un observateur

[1] On peut encore vérifier si la ligne de visée est perpendiculaire à l'axe de rotation de l'alidade, en visant sur un objet éloigné, une première fois avec l'alidade à droite du limbe, puis une seconde fois avec l'alidade à gauche, et en voyant si les deux lectures diffèrent exactement de 180°.

exercé peut encore, sans inconvénient, employer des côtés de 80 à 100 mètres.

L'alidade et par conséquent la ligne de visée ne passant pas par le centre des divisions du limbe, on commet, à chaque observation, une erreur dite d'*excentricité*, égale à l'angle CAV, compris entre la ligne de visée et celle qui joint le centre des divisions à l'objet; or cet angle est d'autant plus grand que la distance AV est plus petite; et, pour ce motif, les longueurs des côtés des polygones ne doivent pas descendre au dessous de 10 mètres.

Pl. VI. fig. 35.

Les légères incertitudes qui subsistent sur la valeur de chaque angle pouvant, en définitive, produire des erreurs notables par leur accumulation, il convient encore d'éviter de former des polygones d'un trop grand nombre de côtés. On admet communément les nombres de 20 à 25 comme limite.

Stations faites dans le voisinage d'objets qui contiennent du fer. L'emploi de la boussole exige enfin une dernière précaution dont il a déjà été question plus haut. En faisant le choix des stations, l'opérateur prendra garde de ne pas trop les rapprocher des portes ou des grilles, des rails de chemins de fer, etc. il ne faut pas croire, cependant, que l'action du fer sur l'aiguille se fasse sentir à de grandes distances, et il est facile de se convaincre que, le plus souvent, un intervalle de quelques mètres suffit pour laisser reprendre à celle-ci sa direction naturelle. Les masses minérales seules peuvent avoir sur l'aiguille une action perturbatrice persistante.

Pl. VI, fig. 36.

Angles en retour. Dans tous les cas, lorsqu'on lève un canevas à la boussole, afin de se prémunir contre toute espèce d'erreurs, on a soin de déterminer la direction de chaque côté par deux observations en sens opposés.

Ainsi, après avoir trouvé, à la station A, l'angle de 250° que la direction AB fait avec la méridienne magnétique, en arrivant au point B, on cherchera l'angle inverse ou, comme on l'appelle, l'*angle en retour*, en visant sur le point *A* [1]. Dans l'exemple actuel, cet angle en retour doit être de 250°-180° ou de 70°. Lorsque la différence des deux angles est plus grande que 180° 1/4 ou plus petite que 179 3/4, on recommence les observations, et l'on vérifie les lectures aux deux stations; mais si l'erreur subsiste encore, on en conclut que l'aiguille est déviée par la présence de quelque objet contenant du fer, et alors on essaye de se mettre à l'abri de cette influence en déplaçant l'une ou l'autre des deux stations. Sauf ces circonstances accidentelles, et à la condition de se soumettre aux restrictions relatives à la longueur et au nombre des côtés des polygones, les résultats fournis par la boussole présenteront généralement toute l'exactitude désirable.

Opérations du lever a la boussole. La facilité avec laquelle on met la boussole en station rend cet instrument particulièrement propre au lever des canevas polygonaux par cheminement; d'un autre côté, l'indépendance de chacune des observations faites à une même station empêchant l'erreur commise sur l'une d'elle de se reporter sur les autres, le lever des détails peut s'opérer simplement par rayonnement; cependant si les cheminements sont assez multipliés, il est encore préférable de lever les détails par abcisses et ordonnées. Enfin on détermine aussi avec une exactitude suffisante, par la méthode des intersections, les points inaccessibles qui ne sont pas trop éloignés des stations d'où on les découvre; mais pour les points situés à de grandes distances, et dont on ne pourrait pas s'approcher, il faut avoir recours à la planchette.

Registre des opérations. On rapporte ordinairement les opérations

[1] On a déjà prévenu que les angles se comptaient sur le limbe de 0 à 360°, dans le sens du mouvement des aiguilles d'une montre. Il faut aussi se rappeler que la ligne de visée est parallèle au diamètre 0-180 et que le zéro est tourné en avant de l'observateur, du côté du point visé.

sur le terrain même, en dessinant au crayon sur une planchette légère; néanmoins, afin de pouvoir au besoin reconstruire la carte, si l'on venait à gâter la minute, et pour n'avoir pas tout à recommencer lorsqu'on s'aperçoit d'une erreur, on doit avoir soin de consigner les mesures que l'on prend, sur un registre dont voici le modèle :

REGISTRE DES OPÉRATIONS DU LEVER À LA BOUSSOLE.

REPÈREMENT des STATIONS.	DÉSIGNATION		MESURE		OBSERVATIONS.
	des stations.	des points visés.	DES ANGLES.	DES CÔTÉS.	
 Verger. Prairie. (1)	1	2	290 1/4	58m,2	
	2	1	110 1/4	//	Angle en retour diffce 180°.
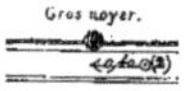 Gros noyer. (2)	2	3	195 1/2	47m,5	
 (3)	3	2	15 1/4	//	Angle en retour diffce 180° 1/4.

La première colonne sert, comme son titre l'indique, à repérer la position des stations par rapport aux objets les plus voisins, ce qui se fait habituellement au moyen de quelques distances approximatives que l'on inscrit sur un petit croquis. Les deux colonnes suivantes servent à désigner, d'une part, les stations, et de l'autre, les points visés. On emploie, pour ces désignations, des chiffres ou des lettres dont les séries peuvent recommencer, lorsqu'on change de polygone, pourvu que l'on indique clairement, en tête de chaque série de mesures, le polygone ou la traverse sur lequel on opère; les deux colonnes qui viennent ensuite servent à l'inscription des angles et des côtés; dans la colonne des angles, on marque, pour chaque observation, le nombre des degrés et la fraction de degré qu'on a lus sur la boussole, en n'employant pour fraction que le quart, la demie ou les trois quarts. Dans l'évaluation des côtés, on s'arrête toujours aux centimètres et le plus souvent aux décimètres.

Construction du plan. Pour construire le plan, d'après les mesures prises sur le terrain, on commence par tracer sur une feuille de papier, de dimensions convenables, des carreaux de 5 centimètres de côté formés par deux séries de lignes qui représentent, les unes des parallèles et les autres des perpendiculaires à la direction de la méridienne magnétique, et que l'on désigne, pour abréger, sous les noms de *méridiennes* et de *perpendiculaires*. On se donne sur cette feuille la projection de la première station, de manière à y faire tenir le plan de tout le terrain que l'on veut représenter et, en partant de ce point, il devient ensuite facile de transcrire géométriquement les mesures d'angles et de distances, dans l'ordre où elles ont été effectuées.

Les longueurs qui représentent les distances s'évaluent à l'aide d'une échelle ou simplement à l'aide des divisions d'un double décimètre, et, pour construire les angles, on se sert de l'instrument connu sous le nom de *rapporteur*.

Description du rapporteur ordinaire. Le rapporteur ordinaire est un demi-cercle en corne transparente de 7 à 8 centimètres de rayon. La circonférence de ce cercle est divisée en 180 degrés et en demi-degrés, et l'on peut, de même que sur le limbe de la boussole, y estimer les quarts de degré; le sens dans lequel croissent les divisions est encore le même que sur le limbe. Au-dessous du diamètre du demi-cercle, il existe un petit intervalle, et le bord rectiligne du rapporteur qui est parallèle à ce diamètre sert de *règle*.

Pour tracer, par un point donné *m*, une ligne qui fasse avec la direction du nord magnétique un angle de 40°, par exemple, on applique le Pl. VI, fig. 37.

centre du rapporteur et la division 40 de la circonférence sur la méridienne la plus voisine; puis on fait glisser l'instrument le long de cette méridienne, parallèlement à lui-même, jusqu'à ce que le point donné *m* se trouve sur le bord de la règle qui donne la direction de la ligne.

Pour tracer une droite qui ferait un angle plus grand que 180° avec la direction du nord magnétique, on commencerait par retrancher les 180°, et la construction se ferait de la même manière.

Ainsi, le rapporteur étant dans la même position que précédemment, si l'on trace la ligne *a b* le long du bord de la règle, la direction *m a* faisant avec la méridienne magnétique un angle de 40°, la direction *mb* fera le même angle augmenté de 180° ou un angle de 220°.

Pl. VI, fig. 38. Pour ne pas commettre d'erreur sur le sens dans lequel on doit estimer la direction à partir du point donné, on peut concevoir une méridienne passant par ce point, et remarquer que pour les angles plus petits que 180°, la ligne que l'on trace doit rester à gauche de cette méridienne, tandis que pour les angles supérieurs à 180° elle passe à droite, le nord étant toujours supposé en avant du spectateur.

Le procédé qui vient d'être décrit n'est pas le seul dont on puisse faire usage pour construire les angles au moyen du rapporteur; mais il est le plus exact et le plus expéditif, lorsqu'il s'agit d'angles relevés à la boussole, c'est-à-dire comptés à partir d'une direction constante indiquée sur le plan par une série de lignes parallèles. Cependant, la disposition du rapporteur ordinaire serait insuffisante pour certaines positions des points entre les méridiennes, lorsque les angles diffèrent peu de 0°, 180° ou 360°; ou bien il faudrait alors appliquer le rapporteur sur une perpendiculaire voisine de ces points, en la faisant coïncider avec le rayon du rapporteur passant par la division qui indique l'angle donné, augmenté ou diminué de 90°. Afin de ne pas avoir à faire ce calcul, il est préférable d'employer le rapporteur complémentaire représenté par la figure 39.

Pl. VI, Fig. 39. *A m b* et *c n d* sont deux demi-circonférences divisées, la première de 0° à 180° et la seconde de 180° à 360°; les arcs *a' m' b'* et *c' n' d'* comprenant chacun 100°, ont des divisions qui sont respectivement complémentaires de celles des arcs *a m b* et *c n d;* il est facile de voir que, grâce à cette disposition, on peut placer le bord de la règle du rapporteur sur le papier, de manière qu'elle fasse un angle donné avec la méridienne, soit en faisant coïncider cette méridienne avec le centre du rapporteur et la division du cercle extérieur qui indique le nombre de degrés de l'angle, soit en faisant coïncider une perpendiculaire avec le centre et la division de l'arc de cercle intérieur (portant les divisions complémentaires) qui indique le même nombre de degrés. En opérant de l'une ou de l'autre manière, on finira par amener la règle sur le point par lequel doit passer la ligne à tracer sur le papier, quelle que soit la position de ce point dans un des carreaux.

Pour les angles plus petits que 180°, on se servira de la demi-circonférence *a m b* ou de l'arc *a' m' b'*, et pour les angles plus grands que 180°, on emploiera l'un des deux autres. On peut encore noter que la lecture se fait sur les demi-circonférences, lorsque le centre *o* des divisions est amené sur une méridienne, et sur les arcs complémentaires, lorsque ce centre est sur une perpendiculaire.

En se reportant d'ailleurs à la remarque relative au sens dans lequel doivent être tracées les lignes, selon que les angles sont plus grands ou plus petits que 180°, il suffira de faire quelques essais pour acquérir l'usage du rapporteur complémentaire.

Exactitude des constructions graphiques. Lorsque les mesures des distances et les observations d'angles sont faites avec toutes les précautions que nous avons indiquées, les constructions graphiques peuvent conduire à des résultats extrêmement exacts, ce que l'on reconnaît à la manière dont se ferment les polygones; mais il faut pour cela dessiner avec beaucoup de précision et de netteté, et l'on peut dire que la perfection d'un plan topographique dépend non-seulement de l'exactitude des opérations sur le terrain, mais encore, et peut-être au même degré, du soin qu'on met à les rapporter sur le papier.

Pl. VI, fig. 40. **Orientation du plan.** Les méridiennes magnétiques et leurs perpendiculaires sont tracées à l'encre rouge et dans des directions obliques aux côtés du cadre du dessin, car la déclinaison de l'aiguille aimantée étant supposée connue dans le lieu où l'on opére, on doit encore faire en sorte que le nord vrai soit au haut de la feuille. Lorsqu'on ne connaît pas exactement la déclinaison de l'aiguille aimantée, il faut nécessairement tracer une méridienne par la méthode des hauteurs correspondantes du soleil. Cette méridienne sert alors à orienter le plan avec exactitude et à déterminer la déclinaison de l'aiguille. Dans tous les cas, en terminant la mise au net, on trace deux flèches de 10 à 12 centimètres de longueur au moins, dont les pointes indiquent la direction du nord vrai et celle du nord magnétique, que l'on désigne par leurs initiales *N. V.* et *N. M.*, et dans l'angle formé par ces deux flèches, on inscrit la date ou simplement le millésime de l'année et l'amplitude de la déclinaïson de l'aiguille aimantée.

SIXIÈME LEÇON.

LEVER DE BATIMENT. — PLANS, COUPES, ÉLÉVATIONS, PROFILS. — CONVENTIONS ADOPTÉES. — DESSINS GÉNÉRAUX ET DE DÉTAIL. — INSTRUMENTS EN USAGE. — CROQUIS COTÉS. — MISE AU NET ET RÉDACTION DES DESSINS. Pl. VII.

Objet du lever de bâtiment. Le lever d'un bâtiment a pour objet de déterminer les formes, les dimensions et les proportions des différentes parties qui composent ce bâtiment et de les représenter à l'aide du dessin. Pour atteindre complétement ce but, un seul plan ne pouvant évidemment plus suffire, on emploie plusieurs projections horizontales et verticales dirigées de la manière la plus convenable pour faire connaître : 1° la distribution intérieure, 2° la nature des constructions, 3° la décoration de l'édifice ou du moins son aspect extérieur. L'utilité d'un semblable travail est facile à concevoir; l'architecte ou l'ingénieur pourra, en effet, sur la simple vue des dessins et sans se transporter sur les lieux, se faire une idée exacte du bâtiment représenté, en critiquer l'ensemble ou les détails et y proposer telles modifications qu'il jugera convenables. Celui qui exécute un lever avec attention acquiert, de son côté, une foule de notions pratiques et précises en fait de construction.

Définition des plans, profils, coupes et élévations. Les projections horizontales qui conservent le nom de *plans* sont, pour la plupart, des sections faites à chaque étage; elles représentent plus particulièrement la distribution intérieure; lorsqu'on veut indiquer la disposition générale de plusieurs bâtiments contigus ou voisins les uns des autres, on emploie aussi des plans à petite échelle, appelés *plans d'ensemble* et entièrement analogues aux plans topographiques.

Les projections verticales sont de deux sortes : les coupes qui passent à travers le bâtiment et les élévations qui le laissent entièrement du même côté ; les premières contribuent principalement à faire connaître la nature des constructions, et les dernières permettent d'apprécier le bon ou le mauvais effet que doit produire l'aspect de l'édifice. Dans certains cas, le plan vertical sur lequel on projette une élévation peut rencontrer, en se prolongeant, une autre partie du bâtiment ; il y a alors à la fois coupe et élévation.

Enfin, on complète souvent les coupes et élévations d'un bâtiment par des profils exécutés à une plus grande échelle ; on appelle *profil* la section d'un détail d'architecture par un plan sur lequel on ne projette rien qui soit en dehors de ce plan ; ainsi on fait le profil d'une corniche, d'une moulure, etc.

Conventions relatives au dessin du lever de bâtiment. On est convenu de représenter sur chaque plan ou section horizontale, tous les objets situés au même étage au-dessous du plan de projection. On figure en outre, dans les pièces voûtées, les arêtes saillantes ou rentrantes des voûtes et, dans les escaliers, les marches situées au-dessus du plan jusqu'au plancher de l'étage immédiatement supérieur.

Toutes les lignes apparentes situées dans le plan ou au-dessous de lui sont dessinées pleines, et celles qui sont situées au-dessus sont *pointillées* c'est-à-dire composées d'une suite de traits interrompus. Enfin, lorsqu'on représente quelques parties cachées, on en dessine les limites ou les arêtes en lignes *ponctuées* ou composées de points ronds assez rapprochés les uns des autres. Les parties coupées se distinguent au moyen de hachures sur les dessins au trait et d'une teinte foncée sur les dessins lavés.

Les coupes se traitent de la même manière que les plans ; seulement, on n'y projette que les objets compris entre le plan de coupe et les murs les plus voisins du même côté, et l'on s'abstient généralement d'y représenter tout objet situé en deçà du plan de coupe ou de l'autre côté des murs.

Sauf pour ce qui concerne les voûtes d'arêtes et les escaliers, on se fera une idée exacte de ce que doit représenter un plan ou une coupe en supposant qu'on ait enlevé, dans le premier cas, la partie du bâtiment qui est au-dessus du plan horizontal de projection et, dans le second, celle qui est en avant du plan de coupe.

Les plans sur lesquels on projette les élévations sont généralement parallèles aux façades supposées elles-mêmes verticales, et doivent en être assez éloignés pour ne rencontrer aucune des saillies de ces façades. Les plans de coupes menés perpendiculairement aux murs dont ils doivent faire connaître les épaisseurs et par l'axe des ouvertures principales, se trouvent généralement parallèles ou perpendiculaires aux élévations; cependant il n'en est pas toujours ainsi, et il est même avantageux, dans certains cas, de briser leurs directions, mais sans qu'ils cessent pour cela de rester verticaux et de se prolonger dans toute la hauteur du bâtiment. Ces diverses circonstances se reconnaissent d'ailleurs aisément sur les dessins qui doivent tous porter les traces des différents plans de projection.

Du nombre des plans, des coupes et des élévations. Pour représenter complétement un bâtiment, il est nécessaire de faire le plan de chaque étage, le plan des caves, le plan des greniers et celui des combles ou des chapes; à moins que la même façade ne se trouve exactement reproduite sur deux côtés du bâtiment, il convient également de faire autant d'élévations qu'il y a de côtés; quant au nombre des coupes, il est nécessairement variable, et on le détermine par la considération qu'il doit être suffisant pour donner une idée complète de la nature des constructions.

Des détails de construction. Toutefois, les échelles dont on fait usage pour dessiner les plans de bâtiments sont trop petites pour fournir à cet égard tous les renseignements utiles, et l'on a été conduit par suite à joindre aux plans généraux des dessins agrandis des objets qui méritent une attention particulière. C'est ainsi que certains détails d'architecture, les appareils de pierre de taille, les travaux de charpente, de menuiserie, de ferronnerie et quelques autres encore, nécessitent souvent des échelles quintuples ou décuples de celle des plans du bâtiment, pour pouvoir être figurés avec netteté dans leurs véritables proportions.

Enfin, les ouvrages délicats de serrurerie ou de mécanique et autres semblables doivent être dessinés à de plus grandes échelles encore, et quelquefois même avec leurs véritables dimensions.

Les objets que nous avons désignés en premier lieu sont les *grands détails* de construction, et les derniers sont les *menus détails*. On les représente également au moyen de plans, de coupes et d'élévations.

Instruments du lever. Les instruments de mesure dont on se sert dans les levers de bâtiment sont : le quintuple mètre, le double mètre, le mètre et le double décimètre; l'opérateur doit être muni en outre d'un niveau de maçon et d'un fil à plomb. Il n'y a d'ailleurs rien à ajouter ici à ce qui a été dit dans l'une des leçons précédentes sur la manière de se servir de ces instruments.

De l'emploi des croquis pour l'inscription des mesures. Les mesures que l'on prend sur le bâtiment, s'inscrivent immédiatement sur des croquis représentant les plans, les coupes et les élévations, dessinés à main levée, à une échelle approximative suffisante pour que l'on puisse y écrire toutes les cotes sans confusion. Ces cotes doivent être assez multipliées pour permettre d'exécuter les dessins ou de faire ce que l'on appelle la *mise au net*, sans qu'il soit nécessaire de retourner sur les lieux pour prendre de nouvelles mesures. On ne saurait donc apporter trop d'ordre et de méthode dans les opérations et dans l'inscription des mesures, afin de ne commettre ni erreur ni omission.

Mise à l'encre des croquis et des cotes. Pour le même motif, les lignes tracées d'abord au crayon, sur les croquis, doivent être passées à l'encre au fur et à mesure, à la fin de chaque séance du lever, les faux traits effacés et les chiffres écrits d'une manière très-lisible, parallèlement aux dimensions et tout près des objets auxquels ils se rapportent.

Ordre à suivre dans l'exécution des croquis. Le nombre et la direction des coupes ne pouvant être convenablement fixés que lorsqu'on a une connaissance exacte de la disposition des différentes parties du bâtiment, il est naturel de s'occuper en premier lieu des plans et même de commencer par celui du rez-de-chaussée, puis de faire successivement ceux des étages supérieurs et enfin celui des caves. On exécute ensuite les différentes élévations dont la plupart des dimensions horizontales se déduisent des plans des étages, et l'on achève par les coupes que l'on peut coter en grande partie au moyen des plans et des élévations.

Situation des plans aux différents étages. L'usage est de faire passer les plans horizontaux de projection aux différentes hauteurs suivantes :

1° Dans les caves, à la hauteur de la naissance des voûtes, en formant des ressauts s'il est nécessaire;

2° Dans le rez-de-chaussée et les étages, à un décimètre au-dessus de l'appui des fenêtres;

3° Dans les greniers, à cinq décimètres au-dessus de la sablière;

4° Dans les mansardes, comme dans les étages ou dans les greniers, suivant la forme des constructions;

5° Dans les faux greniers, à la surface du plancher.

Enfin, les plans généraux de charpente des combles ou des chapes passent tout à fait au-dessus du bâtiment, et ne contiennent que des projections sans parties coupées.

Détail des opérations du lever, reconnaissance du bâtiment par étage. Avant de faire le croquis du plan d'un étage, on parcourt d'abord toutes les pièces qui composent cet étage, pour bien se pénétrer de leurs positions et de leurs dimensions respectives, ou, si l'on peut s'exprimer ainsi, afin de se mettre le plan dans la tête; à cet effet, on peut même, de temps en temps, prendre quelques mesures au pas.

Dessin des croquis. Cette reconnaissance étant faite, on trace sur une feuille de papier une figure semblable au contour extérieur du bâtiment, ce qui détermine les limites dans lesquelles il faut faire tenir le plan, puis on indique légèrement les murs intérieurs et les cloisons, de manière à diviser la première figure en autant de compartiments qu'il y a de pièces à représenter; on doit toujours tâcher, dans ce genre de dessin, de conserver à peu près l'importance des différentes parties; cependant, pour faciliter l'inscription des cotes, il ne faut pas hésiter à exagérer quelques dimensions, comme l'épaisseur des murs et des cloisons, la largeur ou la profondeur d'ouvertures étroites, etc. En revenant ensuite dans chaque pièce, on dessine à leurs places, les portes, les fenêtres et leurs embrasures, les chambranles et les souches de cheminées, les alcôves, les placards, les escaliers, etc. enfin, chacun des traits d'esquisse est renforcé ou effacé, selon qu'il doit subsister ou non, et il ne s'agit plus que de coter les longueurs de toutes les lignes tracées sur le croquis.

Plans du rez-de-chaussée et des étages. Au rez-de-chaussée, on commence par les dimensions extérieures ou *hors œuvre*, en ayant soin de mesurer d'abord les longueurs totales, puis les distances partielles, comme celle de l'angle du bâtiment au tableau de la première ouverture, la largeur de cette ouverture et ainsi de suite jusqu'à l'autre extrémité de la même façade. Les mêmes dimensions légèrement modifiées servent généralement pour les étages.

A l'intérieur, le mesurage s'opère successivement dans chaque pièce, et il faut s'attacher à terminer complétement dans chacune d'elles, avant de passer à une autre. On prend également d'abord les plus grandes mesures, et l'on descend progressivement aux détails, sans déduire les dimensions les unes des autres, par somme ou par différence, à moins que l'on ne puisse faire autrement, car on se priverait par là du meilleur moyen de vérification dont on dispose. Le plan de chaque pièce est déterminé par la mesure des côtés et des diagonales; à la rigueur, dans une pièce quadrilatère, il suffirait de prendre les quatre côtés et une diagonale, mais on mesure encore la seconde diagonale pour avoir une vérification; dans les pièces polygonales, on doit mesurer de même une diagonale de plus que celles qui sont strictement nécessaires pour la construction du polygone. Enfin, lorsque la pièce est terminée sur une partie de son périmètre par une ligne courbe, on lève cette ligne par points en la rapportant, par abscisses et ordonnées, à une ligne droite convenablement dirigée. Dans ce dernier cas, si l'on tient à opérer avec une grande exactitude, on peut tracer sur le sol, au cordeau blanchi à la craie, la droite prise pour ligne des abscisses et les ordonnées qu'on lui mène perpendiculaires, au moyen de l'angle droit du niveau de maçon ou par le tracé géométrique connu.

S'il arrivait qu'un obstacle empêchât de mesurer quelques-unes des diagonales, on substituerait à la mesure de ces lignes celle des angles faite au moyen d'un petit triangle auxiliaire, comme il a été expliqué à l'occasion du lever au mètre [1].

Lorsqu'on a déterminé la longueur des différents côtés d'une pièce, on mesure sur chacun d'eux la largeur des portes, des fenêtres et des trumeaux, et la somme de ces mesures partielles doit être égale à la longueur du côté. On cherche ensuite l'épaisseur des murs; pour ceux qui sont percés d'ouvertures, on trouve directement cette épaisseur,

[1] Tout ce qui vient d'être dit, au sujet d'une pièce du rez-de-chaussée ou d'un étage, s'applique également, lorsqu'on s'occupe d'un plan d'ensemble, au lever des cours et des espaces compris entre différents corps de bâtiment ou qui en dépendent. Au surplus, si ces espaces devenaient assez considérables, et s'ils renfermaient des jardins, des plantations, etc. qu'il serait nécessaire de représenter, on en lèverait le plan par les méthodes ordinaires de la topographie.

mais pour les murs qui sont pleins sur toute leur hauteur, on est bien obligé de la déduire des autres mesures prises tant à l'intérieur qu'à l'extérieur des pièces dont ils forment l'un des côtés. C'est ainsi que l'on
Pl. VII, fig. 41. trouverait $0^m,60$ pour l'épaisseur du mur de pignon $A B$ et $0^m,50$ pour celle du mur de refend $C D$.

En s'occupant des baies pratiquées dans les murs, il faut avoir soin de coter, à l'*extérieur :* la saillie et la largeur de l'encadrement, et à l'*intérieur :* la largeur du tableau, la retraite et la largeur de la feuillure, la largeur de l'ébrasement et son inclinaison; on mesure avec le même détail tout ce qui se rapporte au plan des cheminées, fourneaux, escaliers, etc.

Ces mesures minutieuses sont répétées pour chaque objet de même nature, à moins qu'il n'y ait identité complète pour quelques-uns d'entre eux, encore doit-on bien constater cette identité qui est rare, même dans les bâtiments les plus réguliers en apparence.

Outre les murs, les cloisons et leurs ouvertures, les cheminées et les escaliers, on représente encore dans les plans du rez-de-chaussée ou des étages, l'emplacement des objets mobiliers de grandes dimensions qui caractérisent la destination de chaque pièce, indiquée d'ailleurs au moyen d'un numéro de renvoi et d'une légende écrite sur la feuille de dessin; mais les portes, les croisées et les autres objets en menuiserie ne se représentent pas sur les plans généraux, et sont compris au nombre des détails que l'on dessine à part, à une plus grande échelle.

Plan des caves. En faisant le plan des caves, on doit s'attacher à établir exactement la correspondance de leurs murs avec ceux du plan du rez-de-chaussée, ce qui se fait au moyen de repères pris sur les façades ou sur d'autres parties du bâtiment, et auxquels on rapporte quelques-unes des ouvertures du rez-de-chaussée et des caves; on doit chercher en outre à représenter ou au moins à circonscrire les emplacements occupés par les citernes et les fosses d'aisance; les soupiraux qui ne sont pas rencontrés par les plans de projection se figurent néanmoins en lignes pointillées sur les murs pleins; enfin, les marches d'escalier supérieures au plan de projection se représentent de la même manière qu'aux étages.

PLANS DES GRENIERS ET DES COMBLES. Les plans des greniers et ceux des combles demandent une assez grande attention, surtout lorsque les charpentes sont compliquées; cependant, comme on a déjà acquis une certaine habitude en faisant ceux des étages, on court moins le risque de se trouver arrêté par quelques difficultés de dessin. La partie la plus délicate du lever des charpentes consiste, en effet, à projeter avec discernement sur un même plan horizontal des pièces inclinées, assemblées les unes sur les autres; mais l'emploi du fil à plomb simplifie beaucoup ce genre d'opérations, surtout lorsque les greniers sont vides et que l'on peut y tracer, au cordeau et à la craie, les projections des pièces principales de la charpente auxquelles on rapporte ensuite toutes les autres.

D'ailleurs, tandis que dans le plan des étages il convient, en général, de mesurer et de coter chaque objet, il est inutile, dans le cas actuel, de prendre les dimensions ou les intervalles de toutes les pièces de charpente qui sont semblables par leur nature, comme les arbalétriers et les autres parties des fermes qui se répètent, les pannes, chevrons, etc. L'on se borne tout au plus à mesurer deux ou trois pièces de chaque espèce pour prendre des moyennes; le nombre de ces pièces et les grandes dimensions totales des greniers suffisent ensuite pour permettre de tout représenter sur la mise au net, tandis que, pour éviter de surcharger inutilement les croquis, on n'y dessine que les pièces différentes les unes des autres.

TUYAUX DE CHEMINÉES ET CONDUITS. On doit reconnaître et indiquer, à chaque étage, les passages des tuyaux de cheminées ou des autres conduits qui peuvent exister dans l'épaisseur des murs et qui viennent ordinairement déboucher aux étages supérieurs. Les dimensions intérieures de ces conduits se déduiront, autant que possible, des dimensions extérieures apparentes, particulièrement à leur sortie dans les greniers, et de quelques autres indices, comme la nature de la maçonnerie, des poteries ou des briques qui entrent dans la construction, etc.

Élévations. Les croquis des élévations se dessinent facilement, puisque celles-ci ne représentent que des objets visibles, et les cotes se trouvant déjà, pour la plupart, indiquées sur les plans des différents étages, il ne reste plus qu'à les compléter et à prendre les dimensions verticales. On doit coter avec un soin particulier les détails d'architecture, et lorsqu'ils sont multipliés ou hors de portée, il peut devenir impossible de les mesurer sans échafaudage; mais ce cas ne se présente guère que dans les grands édifices publics; enfin, quand la décoration, outre les formes ordinaires de l'architecture, renferme encore des bas-reliefs ou de la statuaire, il faut se borner à mesurer les masses principales et ne se hasarder à tout représenter que lorsqu'on a une grande habitude du dessin artistique.

Dans le lever des élévations comme dans celui des plans, on tâche de mesurer les dimensions totales et les dimensions partielles, indépendamment les unes des autres, afin de se ménager des vérifications; mais les grandes dimensions verticales ne peuvent pas toujours s'obtenir facilement d'une manière directe. Nous nous bornerons à indiquer le moyen le plus simple, qui consiste à laisser tomber de l'étage supérieur et, quand on le peut, du bord de la corniche, une chaîne ou au besoin deux chaînes attachées l'une au bout de l'autre.

Coupes. A l'égard des coupes, il est utile de remarquer qu'ordinairement les parements des murs ne s'élèvent pas de la base au sommet suivant des plans verticaux. Ainsi, pour des raisons de stabilité dont il est facile de se rendre compte, du côté de l'extérieur ces parements ont une légère inclinaison que l'on nomme le *fruit du mur*, et qui est telle que la largeur du bâtiment va en diminuant dans les étages supérieurs, et du côté de l'intérieur, ils forment une retraite à chaque étage. Ces retraites existent également, et le plus souvent des deux côtés, dans les murs de refend. Le fruit et les retraites successives des murs devant être indiqués sur les coupes, il est nécessaire de les évaluer exactement; on détermine le fruit au moyen d'un fil à plomb que l'on fait tomber de l'une des fenêtres de l'étage supérieur jusqu'au pied du mur; lorsque la pointe touche ce pied, on prend la distance du fil au nu du mur, et le rapport de cette distance à la hauteur du point d'où on a laissé tomber le fil est l'inclinaison cherchée. Par exemple, si cette hauteur est de $6^m,00$ et que la distance du fil à plomb au nu du mur soit de $0^m,12$, on en conclura que le fruit est de $0^m,02$ par mètre ou de $\frac{1}{50}$.

Les retraites se déduisent des changements d'épaisseur des murs à chaque étage, les parements intérieurs étant supposés verticaux.

L'épaisseur des planchers, qui doit être aussi représentée sur les coupes, s'obtient en comparant les mesures prises tant à l'intérieur qu'à l'extérieur, d'une manière analogue à celle qui sert à déterminer l'épaisseur d'un mur qui n'a pas d'ouverture. Lorsqu'on peut recueillir des indices suffisants sur la construction des planchers, comme l'épaisseur des poutres et solives, leur espacement, etc. on représente ces divers objets tant sur les coupes *transversales* que sur les coupes *longitudinales*, c'est-à-dire sur les coupes faites dans la largeur et sur celles faites dans la longueur du bâtiment; dans le cas contraire, on dessine les planchers comme s'ils étaient pleins. Enfin, à moins de circonstances exceptionnelles, on ne parvient pas facilement à connaître la profondeur des fondations et la largeur des empatements; sous ce rapport les levers ordinaires laissent subsister une lacune fâcheuse, mais lorsqu'on a absolument besoin de fournir un état de lieux complet, on pratique un certain nombre de sondes tant à l'extérieur des bâtiments que dans les caves; alors, et toutes les fois d'ailleurs qu'on pourra le faire, on ajoutera aux plans déjà indiqués, un plan des fondations.

Telles sont les règles et les prescriptions générales que l'on peut donner relativement aux opérations du lever de bâtiment et à l'inscription des mesures sur des croquis.

MISE AU NET ET RÉDACTION DES DESSINS. Pour ce qui concerne la rédaction des dessins, il suffit ici de dire qu'après avoir disposé sur une feuille de papier les différents plans, coupes et élévations, en faisant correspondre les axes parallèlement aux côtés du cadre, il est bon de suivre dans leur exécution le même ordre que pour les croquis. Pour chaque dessin, on trace d'abord les plus grandes dimensions *hors œuvre*, puis l'on descend successivement aux détails; on arrête complétement le trait au crayon avant de le passer à l'encre; on lave à l'effet les coupes et les élévations, et l'on applique partout des teintes conventionnelles propres à faire distinguer immédiatement la nature des divers matériaux qui entrent dans la construction; l'on indique aussi sur chaque dessin les traces des plans de projection, et sur les plans on ajoute une flèche pour faire connaître l'orientation du bâtiment; enfin, on termine par la construction des échelles, le tracé du cadre, l'inscription des légendes, titres et autres écritures destinées à faciliter l'intelligence du lever.

Les principales conventions auxquelles on doit se conformer en exécutant la mise au net ont été indiquées plus haut, mais pour donner à ce travail toute la perfection désirable, il faut avoir recours à des modèles gravés ou manuscrits représentants des monuments existants.

Le lever et la mise au net des détails de construction à grande échelle n'exigent de leur côté que du soin et une certaine habitude, qui s'acquiert assez vite; enfin, l'on peut remarquer que le lever des travaux d'art de toute sorte, en maçonnerie ou en charpente, s'exécuterait exactement comme un lever de bâtiment.

SEPTIÈME LEÇON.

NIVELLEMENT. — SURFACES DE NIVEAU. — SURFACES DE COMPARAISON. — ALTITUDES. — SONDES. — NIVEAU APPARENT. — PLAN DE COMPARAISON. — NIVEAU DE MAÇON. — NIVEAU A BULLE D'AIR. — NIVEAU D'EAU. — MIRE. — PRATIQUE DU NIVELLEMENT. — NIVELLEMENT PAR CHEMINEMENT; PAR RAYONNEMENT. — REGISTRE DES OPÉRATIONS. — MOYENS DE VÉRIFICATION. — REPÈRES. — NIVELLEMENT DES DÉTAILS. Pl. VII et VIII.

Objet du nivellement. On a vu, dans les leçons précédentes, les procédés par lesquels on parvient à construire un plan, c'est-à-dire une figure semblable à la projection horizontale des différents objets remarquables de la surface du terrain; mais, pour avoir une idée complète de leurs positions relatives, il reste encore à déterminer les distances verticales de chacun des points de cette surface à un plan horizontal ou plus exactement, à une surface *de niveau* dont la position soit bien définie. Tel est le but du nivellement.

Surfaces de niveau. — Différence de niveau de deux points. On appelle *surface de niveau*, celle qui est perpendiculaire, en chacun de ses points, à la direction de la verticale; or, toutes les verticales concourant vers le centre de la terre dont la forme est sensiblement celle d'une sphère, les surfaces de niveau peuvent être elles-mêmes considérées comme appartenant à des sphères concentriques. Ainsi, les eaux d'un étang, d'un lac ou de la mer, à l'état de repos, forment autant de surfaces de niveau. On sait, en effet, que la mer recouvre la plus grande partie du globe terrestre, dont elle prend la courbure, et si les surfaces d'un étang ou d'un lac paraissent planes, c'est à cause de leur peu d'étendue. Les plans horizontaux et les verticales qui passent par deux points voisins étant sensiblement parallèles, la distance de ces plans, comptée sur l'une des verticales, est prise ordinairement pour la différence de niveau des deux points; mais dès qu'il s'agit de points situés à d'assez grandes distances les uns des autres, ce parallélisme ne peut plus être admis. En conséquence, on dit, d'une manière générale, que la différence de niveau de deux points quelconques du terrain est égale à la distance des deux surfaces sphériques qui passent par chacun de ces points et qui ont pour centre commun le centre de la terre.

Pl. VII, fig. 42. Considérons, par exemple, les deux points *A* et *B* dont les verticales *A O* et *B O* déterminent un plan. Si dans ce plan nous décrivons, du centre *O*, les arcs de cercle *A N* et *B P*, la différence de niveau des deux points *A* et *B* sera égale à *A P* ou à *B N*.

Surfaces de comparaison. — Cotes de nivellement. La surface de niveau à partir de laquelle on compte les distances verticales des différents points du terrain se nomme *surface de comparaison;* elle peut être prise arbitrairement, soit au-dessus du point le plus élevé, soit au-dessous du point le plus bas. Dans tous les cas, on donne le nom de *cotes de nivellement* ou simplement de *cotes*, aux nombres qui expriment les distances verticales des points de la surface du sol à la surface de comparaison. Si cette dernière est inférieure à tous les points du terrain, le nombre qui exprimera la cote d'un point sera d'autant plus grand que le point sera plus élevé; ce sera l'inverse lorsque la surface de comparaison passera au-dessus du terrain.

Choix de la surface de comparaison. Dans les cartes topographiques qui représentent des contrées entières, on choisit généralement pour surface de comparaison celle des mers supposée en repos dans toute son étendue, et prolongée idéalement au-dessous des continents. Alors les cotes expriment les hauteurs absolues de chaque point au-dessus du *niveau de la mer* et se nomment des *altitudes*.

Depuis quelques années, l'usage de ce système a prévalu en France dans les services publics.

Mais comme jusque-là la plupart des plans avaient été cotés dans le système *des sondes*, c'est-à-dire en prenant une surface de comparaison supérieure à tous les points du terrain et dont la hauteur était d'ailleurs fixée arbitrairement dans chaque localité, il est indispensable, pour pouvoir faire usage à la fois des plans anciens et des nouveaux, de savoir transformer les sondes en altitudes et réciproquement.

Transformation des cotes en passant d'une surface de comparaison supérieure au terrain à une surface inférieure. Cette transformation est facile à opérer; car il suffit de remarquer qu'en prenant successivement deux surfaces de comparaison, l'une, *M N*, supérieure, et l'autre, *P Q*, inférieure au terrain et cotée *zéro*, la somme des cotes d'un même point dans les deux systèmes, est un nombre constant et égal à la distance des deux surfaces de comparaison.

Si l'on sait, par exemple, que le point *D*, coté 185 dans le système des sondes, est à 15^{m} au-dessus du niveau de la mer, et que l'on connaisse, en outre, les cotes des points *A*, *B*, *C*, dans ce système, on n'aura plus évidemment, pour transformer ces cotes en altitudes, qu'à les retrancher successivement du nombre 200, qui est la somme des cotes du point *D* dans les deux systèmes. Pl. VII, fig. 43.

Niveau apparent. Les instruments de nivellement, appelés *niveaux*, servent à déterminer des directions horizontales; ainsi, en plaçant un niveau au point *A*, on pourra déterminer la direction horizontale *A M* qui, étant perpendiculaire à la verticale *A O* et par conséquent tangente à l'arc *A N*, rencontrera la verticale du point *B* en *M*, au-dessus du point *N*. L'horizontale *A M* donne ce que l'on appelle le *niveau apparent*, tandis que l'arc *A N* est le *niveau vrai*. La partie *M N* de la verticale du point *B*, interceptée entre l'arc et la tangente, est l'erreur du niveau apparent ou de la *courbure de la terre;* cette erreur croît rapide- Pl. VII, fig. 42.

ment avec la distance qui sépare le point observé de la station; mais elle reste négligeable pour les distances auxquelles on opère avec les instruments dont l'usage va être indiqué tout à l'heure. On verra d'ailleurs que, pour les cas où elle deviendrait sensible, le mode d'opération que l'on emploie permet d'éliminer l'erreur du niveau apparent, en même temps qu'une autre erreur également très-faible, qui est occasionnée par la présence de l'atmosphère et que l'on nomme *erreur de réfraction*.

Ce qu'il faut entendre par plan de comparaison. En cheminant sur le terrain, pour déterminer les différences de niveau des points d'une carte topographique, la direction de la verticale changeant, à chaque station, les plans horizontaux successifs dans lesquels on opère le nivellement sont inclinés les uns sur les autres; mais de ce que l'erreur de la courbure de la terre est comme nulle pour chaque observation, il résulte que les opérations s'exécutent absolument comme si les verticales et par suite les plans horizontaux étaient parallèles. De là l'usage de substituer, dans le langage, à l'expression de surface de comparaison, celle de *plan de comparaison* du nivellement.

Différentes espèces de niveaux. Les niveaux qui sont le plus en usage sont : le niveau de maçon, décrit dans une des leçons précédentes, le niveau à bulle d'air et le niveau d'eau.

Niveau de maçon. Le niveau de maçon sert, comme on l'a vu, à rendre une règle horizontale, et à trouver les différences de niveau de points rapprochés les uns des autres; mais il serait tout à fait insuffisant pour faire le nivellement d'un terrain de quelque étendue.

Pl. VII, fig. 44. Niveau à bulle d'air. Le niveau à bulle d'air, que l'on emploie souvent pour rendre une planchette horizontale, est un tube de verre un peu bombé, dans lequel est renfermé un liquide très-fluide, comme l'éther, qui ne le remplit pas tout à fait. Le reste de la capacité du tube est donc occupé par de l'air qui forme ce que l'on appelle la bulle. Le tube est placé dans une garniture en cuivre portée elle-même par une petite plaque de ce métal, que l'on pose à plat sur le plan que l'on veut rendre horizontal. La bulle d'air tendant toujours à occuper la partie la plus élevée du tube, on peut faire en sorte que, lorsque la plaque repose sur un plan horizontal, le milieu de cette bulle corresponde précisément au milieu du tube; et alors, réciproquement, toutes les fois que la bulle prend cette position, on en conclut que le plan sur lequel repose le niveau est horizontal, du moins dans le sens de la longueur du tube.

Vérification du niveau à bulle d'air. Pour vérifier cet instrument, c'est-à-dire pour s'assurer que le dessous de la plaque est horizontal, lorsque la bulle est au milieu du tube, il suffit de le poser sur un plan quelconque, peu incliné toutefois, et de le faire tourner dans ce plan, jusqu'à ce qu'on ait amené la bulle au milieu du tube, ce qui est toujours possible; on le retourne alors bout pour bout, et si la bulle revient dans la même position, c'est que le niveau est exact, sinon, on peut ordinairement le rectifier en agissant sur une petite vis qui permet de faire marcher la bulle, et par une raison analogue à celle qui nous a conduit à prendre le milieu des deux écarts du fil à plomb dans la vérification du niveau de maçon, on ne doit ici faire marcher la bulle que de la moitié du déplacement qu'on a constaté après le retournement.

Le niveau à bulle d'air, combiné avec une lunette, est celui des instruments de nivellement qui peut donner le plus de précision, mais alors il devient assez compliqué, et sa description serait trop longue pour pouvoir trouver place dans ce cours.

Niveau d'eau. Le niveau d'eau permet d'opérer avec assez d'exactitude sur des points distants de 40 à 50 mètres, et suffit aux besoins Pl. VII, fig. 45.

ordinaires de la topographie. Cet instrument est fondé sur ce qu'un liquide contenu dans des vases ouverts et communiquant entre eux a toutes les parties de sa surface au même niveau. Il se compose d'un tuyau en cuivre ou en fer-blanc, de $1^{m},20$ de longueur et de 4 à 5 centimètres de diamètre, coudé à ses deux extrémités, qui sont surmontées de deux fioles en verre de même diamètre que le tuyau, et seulement rétrécies à leur partie supérieure.

Au milieu du tuyau se trouve une douille destinée à recevoir une tige portée par un pied à trois branches, autour de laquelle on peut faire tourner le tuyau.

Mise en station de l'instrument. Pour mettre le niveau d'eau en station, on pose sur le terrain les branches du pied que l'on écarte de manière à rendre la tige qu'il porte verticale, puis on verse par l'une des fioles de l'eau qui remplit d'abord le tube et qui s'élève ensuite dans l'autre fiole. Après quelques oscillations, l'eau prend le même niveau dans les deux fioles et, par conséquent, un rayon visuel qui s'appuie sur les deux surfaces libres de l'eau est horizontal.

Pour agir plus commodément, et pour chasser complétement l'air de l'intérieur du tuyau, on le tient incliné pendant qu'on verse l'eau, en ayant soin de boucher la fiole inférieure avec le doigt, et l'on remplit jusqu'à ce que, en plaçant le tuyau sur son pied, l'eau s'élève à peu près à la moitié ou aux deux tiers de la hauteur des fioles. Lorsqu'on a mis trop d'eau, on peut en rejeter une partie en soufflant doucement par l'une des fioles, et lorsqu'il n'y en a pas assez, il est facile d'en ajouter sans enlever de nouveau le tube.

Si, en plaçant le pied, on n'était pas parvenu à rendre la tige verticale, le liquide remplirait inégalement les deux fioles, et pourrait même, pour certaines positions du tuyau, cesser d'être visible dans l'une d'elles et jaillir par l'autre; pour éviter cet accident, il suffit d'écarter de nouveau ou de rapprocher convenablement les branches du pied, en même temps que l'on fait tourner le tuyau pour voir si l'eau continue à remplir à peu près également les deux fioles.

Lorsqu'on veut transporter le niveau d'une station à une autre, on bouche l'une des fioles avec un doigt de la main gauche et on enlève le pied avec la droite, en inclinant légèrement le tuyau, de manière à empêcher l'eau de sortir par l'autre fiole; si la station où l'on se rend était éloignée de la première, au lieu de s'embarrasser les deux mains, il vaudrait mieux mettre des bouchons sur les fioles, et porter l'instrument comme une planchette ou une boussole, en l'appuyant sur l'épaule. Toutes les fois qu'on a touché l'instrument, avant de faire une nouvelle observation on doit laisser le liquide revenir au repos, ce qui est quelquefois assez long, surtout lorsque l'air est agité; mais on peut détruire en partie les oscillations de l'eau, en posant légèrement le doigt sur l'ouverture de l'une des fioles; enfin, il est nécessaire de s'assurer que l'évaporation de l'eau ou quelque autre cause n'a pas fait baisser son niveau pendant la durée des opérations dans une même station; on se rendra facilement compte du moyen qu'il faut employer pour faire cette vérification, lorsqu'on aura appris à se servir de l'instrument.

Plan de visée. Après avoir fait tourner le tuyau jusqu'à ce qu'il soit dans la direction du point dont on veut déterminer la *cote,* on se placera à quelque distance, en arrière de l'instrument, et l'on élèvera ou l'on abaissera l'œil jusqu'à ce que le rayon visuel se trouve dans le plan des deux surfaces du liquide dans les fioles. On aura ainsi une ligne, ou plutôt un plan de visée horizontal, qui devra passer au-dessus du point considéré du terrain; car la hauteur de ce plan de visée au-dessus du point est l'élément essentiel du nivellement.

Mire. Pour mesurer cette hauteur, on se sert de la *mire* qui se compose d'une règle divisée et d'une plaque en métal appelée *voyant,* fixée à une boîte également en métal que l'on peut faire glisser le long de la règle. Le voyant est peint de deux couleurs, rouge et blanc, ou noir et blanc, dont la ligne de séparation, qui est la *ligne de mire*, est hori-

Pl. VII, fig. 47.

zontale quand la règle est verticale. Pour faire usage de la mire, on pose la règle d'aplomb, au pied du piquet qui marque le point du terrain, ou sur ce piquet lui-même, et on fait glisser le voyant jusqu'à la hauteur du plan de visée. A cet effet, la mire est confiée à un aide qui obéit aux signes de *monter* ou de *descendre*, que l'opérateur placé au niveau lui fait avec la main; lorsque celui-ci juge que la ligne de mire est dans le plan de visée, il fait au porte-mire un signe qui veut dire de fixer le voyant, ce qui se fait en agissant sur une vis de pression, et on peut lire alors la hauteur de la ligne de mire sur la règle, en face d'un trait marqué sur un curseur porté par la boîte du voyant.

Tant que le plan de visée ne passe pas à plus de 2 mètres au-dessus de la tête du piquet, on conçoit que le porte-mire peut élever le voyant avec la main jusqu'à sa rencontre; mais au delà cette manœuvre ne tarderait pas à devenir impossible, et l'emploi de la mire se trouverait ainsi très-limité. On a remédié à cet inconvénient en donnant à l'instrument la disposition suivante, qui permet de porter la ligne de mire jusqu'à 4 mètres au-dessus du sol.

Mire ordinaire à coulisse. La règle est formée de deux tiges, chacune de $2^m,00$ de longueur, dont l'une présente une coulisse dans laquelle l'autre peut glisser, en entraînant le voyant qui est fixé à l'une de ses extrémités; pour les hauteurs moindres que $2^m,00$, on opère comme nous venons de l'expliquer; mais, pour celles qui sont comprises entre $2^m,00$ et $4^m,00$, après avoir renversé bout pour bout la règle qui forme coulisse, on fait glisser l'autre, en la saisissant par une vis placée à sa partie inférieure, et l'on élève ainsi le voyant jusqu'à ce que l'opérateur fasse signe d'arrêter. A ce signe, le porte-mire serre la vis qu'il tient dans la main, en ayant bien soin de ne pas changer la position relative des deux règles, et la hauteur du voyant se lit alors près du talon de la tige mobile, sur l'une des faces de la tige fixe, qui porte à cet effet une seconde division dont la numération, partant de $2^m,00$, procède dans le sens inverse de la première.

Les divisions de la mire, dont on fait usage avec le niveau d'eau, sont tracées dans toute sa longueur, jusqu'aux centimètres inclusivement, et permettent, par suite, d'évaluer les hauteurs du voyant à un demi-centimètre près; cette approximation, qu'on ne saurait guère dépasser avec un pareil mode de nivellement, est d'ailleurs généralement nécessaire dans tous les cas où il est employé, le mesurage des différences de niveau exigeant, on le conçoit, beaucoup plus d'exactitude que celui des distances horizontales.

PRATIQUE DU NIVELLEMENT. NIVELLEMENT DES POINTS DU TERRAIN CONSIDÉRÉS DEUX À DEUX. Le problème du nivellement consiste à déterminer les différences de niveau d'un certain nombre de points choisis du terrain, que l'on considère successivement deux à deux. Ces différences de niveau étant connues, ainsi que la cote de l'un quelconque des points considérés, cote que l'on peut au besoin se donner arbitrairement, celles des autres se calculeront simplement par additions ou soustractions..

La première opération a pour but de déterminer la différence de niveau de deux points quelconques.

Soit les deux points A et B; après avoir mis le niveau en station à peu près à égale distance de ces deux points [1], on enverra le porte-mire successivement en A et en B, et l'on peut voir facilement que la différence des hauteurs du voyant dans les deux observations est précisément égale à la différence de niveau des deux points. Pl. VII, fig. 46.

En effet, le plan de visée étant représenté par la ligne MN, si, par le point A, on mène un plan horizontal AC, ce plan sera parallèle à MN, et BC sera la différence de niveau cherchée; or, $BC = BE - EC = BE - AD$, qui est la différence des hauteurs du voyant.

[1] Il est bon de s'accoutumer à suivre cette pratique, dont l'effet est de compenser et, par conséquent, de détruire les erreurs du niveau apparent et de la réfraction, quand on emploie des instruments plus précis et à plus longue portée que le niveau d'eau.

Si, par exemple, on a trouvé pour hauteurs du voyant : en A, 0^m^,850 et en B, 3^m^,280, la différence 2^m^,430 de ces deux nombres sera la différence de niveau des deux points ; en admettant, en outre, que la cote du point A, rapportée au niveau de la mer, soit 118,25, le point B étant plus bas que le point A, sa cote sera 118,25 — 2,43 ou 115,82.

Nivellement successif ou par cheminement ; passage d'une station à une autre. La cote du point B étant ainsi déduite de celle du point A, l'opérateur pourra, en changeant de station, venir se placer entre le point B et un troisième point C dont il déterminera la cote, au moyen
Pl. VIII, fig. 48. d'observations en tout semblables à celles qu'il avait faites à sa première station entre les points A et B, et, en continuant de la même manière, il parviendrait à déterminer les cotes des points D, E, F, de plus en plus éloignés du point A.

C'est ainsi que s'effectue le nivellement des lignes qui ont une grande longueur, comme les profils en long des routes et des chemins de fer. Dans ce genre d'opérations, que l'on appelle nivellement successif ou par cheminement, le coup de niveau que l'on donne sur le point dont la cote est déjà trouvée, se nomme *coup d'arrière*, et celui que l'on donne sur le point suivant se nomme *coup d'avant*.

Il arrive quelquefois que l'on a seulement besoin de connaître la différence de niveau de deux points assez éloignés, pour savoir, par exemple, si des eaux pourront s'écouler de l'un vers l'autre ; mais comme la portée maximum du niveau d'eau n'est guère que de 40 à 50 mètres au plus, l'opération ne peut pas se faire par un seul *coup de niveau*. Il faut alors partager l'intervalle qui sépare les deux points extrêmes, en prenant, à peu près sur leur direction, un certain nombre d'autres points espacés au plus de 100 mètres les uns des autres, entre lesquels on va successivement se mettre en station.

Enfin, lorsque la différence de niveau de deux points, même rapprochés, est de plus de 4^m^,00, c'est-à-dire supérieure à la hauteur de la mire, il faut également choisir un certain nombre de points dont les hauteurs soient intermédiaires entre celles des deux points considérés, et sur lesquels on opère successivement. Ces points peuvent d'ailleurs être pris tout à fait en dehors de la direction des deux points considérés.

Registre de nivellement. Le registre de nivellement a pour objet principal de conserver les éléments des calculs qu'exige la détermination des cotes des différents points, et il aide, en outre, à retrouver les erreurs qu'on pourrait avoir commises dans les opérations sur le terrain. Il a donc une véritable importance, et comme on doit y consigner d'une manière claire et parfaitement intelligible, même pour tout autre que pour son auteur, les résultats utiles des observations, il convient de l'établir dans la forme suivante dont l'expérience a fait reconnaître les avantages :

NUMÉROS des STATIONS.	POINTS NIVELÉS.	HAUTEUR du VOYANT.	COTES DES PLANS du niveau aux différentes stations.	COTES des POINTS NIVELÉS	OBSERVATIONS.
1	A	0,850	119,100	118,250.	Point de départ.
Idem.	B	3,280	*Idem.*	115,820.	
2	B	0,335	116,155.	*idem.*	
Idem.	C	1,755	*Idem.*	114,400.	
3	C	1,520	115,920	*Idem.*	
Idem.	D	0,185	*Idem.*	115,735.	
Idem.	E	2,305	*Idem.*	113,615.	
Idem.	F	0,730	*idem.*	115,190.	
"	"	"	"	"	
"	"	"	"	"	
"	"	"	"	"	

Le système suivi dans les opérations supposées, dont les résultats sont consignés sur ce modèle, est celui des altitudes, et l'on remarquera, en outre, qu'on n'a tenu compte dans les hauteurs observées que des demi-centimètres, le niveau d'eau dont il s'agit ici spécialement ne comportant pas une plus grande approximation.

Vérification des opérations du nivellement. Les opérations du nivellement se vérifient à peu près comme celles de la planimétrie, c'est-à-dire sur un polygone spécial, ou plus généralement sur le canevas lui-même. A cet effet, on nivelle les sommets de ce polygone par cheminement et de manière à retomber, après un certain nombre de coups de niveau, sur le point de départ ou sur un point déjà vérifié. Il est évident que l'on doit, en revenant au point de départ, retrouver la cote admise antérieurement pour ce point, et c'est en cela que consiste la vérification.

S'il n'en est pas ainsi, on se contente ordinairement de répartir la différence entre les autres sommets du polygone, en augmentant ou en diminuant, suivant le cas, la cote trouvée pour chacun d'eux, du quotient de la division de cette différence par le nombre des stations; mais si cette différence est trop forte, en d'autres termes, si la correction à faire à chaque cote dépasse les limites des inexactitudes admissibles pour chaque coup de niveau, l'on ne doit pas hésiter à recommencer l'opération.

Repères. Les cotes des sommets des divers polygones ainsi déterminées avec précision deviennent autant de repères qui servent à effectuer le nivellement de détail; comme les sommets des polygones sont ordinairement marqués par des piquets qui peuvent être arrachés, on a soin, en outre, de déterminer en même temps les cotes de points moins exposés à disparaître. Ces repères sont pris sur des bornes, des seuils de maison, des rochers à fleur de terre, sur lesquels on pratique des entailles pour indiquer le point exact où il faut placer le talon de la mire.

COTES À PRENDRE D'UNE MÊME STATION. NIVELLEMENT PAR RAYONNEMENT. Pour exécuter le nivellement des détails, c'est-à-dire pour déterminer les cotes de points du terrain, en assez grand nombre pour donner une idée exacte de son relief, on se place dans le voisinage d'un repère, et, après avoir envoyé le porte-mire sur ce repère, on lui indique, parmi les points qui sont assez rapprochés de la station, tous ceux dont on veut trouver les cotes. Cette manière d'opérer est analogue à la méthode du rayonnement employée pour la planimétrie, et porte le même nom. Elle a l'inconvénient de déterminer chaque point isolément; mais ces nouveaux points ne devant pas eux-mêmes servir de repères, si l'on commet quelque erreur, elle est tout à fait locale et ne peut pas se propager. On a d'ailleurs un moyen de vérification facile qui consiste à déterminer chaque point en partant de deux repères différents.

HUITIÈME LEÇON.

Pl. VIII et IX. SUITE DU NIVELLEMENT. — NIVELLEMENT PAR PROFILS; PAR COURBES HORIZONTALES. — DÉTERMINATION DES COURBES HORIZONTALES AU MOYEN DE PROFILS. — NIVELLEMENT DES TERRAINS PLATS. — ATTACHEMENT DES DÉBLAIS.

Insuffisance des cotes de nivellement pour exprimer les formes du terrain. Les cotes de nivellement inscrites sur un plan indiquant les hauteurs relatives des différents points auxquels elles se rapportent, il est évident qu'en rapprochant suffisamment ces points les uns des autres, on parviendrait à déterminer complétement la surface à laquelle ils appartiennent, et par conséquent le *relief du terrain;* mais si l'on réfléchit à la difficulté de se figurer ce relief par la lecture d'une multitude de cotes, on reconnaîtra la nécessité d'employer d'autres moyens pour rendre plus sensibles à l'œil les ondulations et les formes générales de la surface du sol. Un premier moyen très-simple est de faire, dans des directions convenables, un certain nombre de coupes verticales de cette surface, auxquelles on donne le nom de *profils.*

Détermination des profils. Les profils sont tracés sur le terrain par des alignements sur lesquels on choisit un plus ou moins grand nombre de points, dont on mesure les distances horizontales et les différences de niveau. La première de ces deux opérations s'effectue avec les règles ou la chaîne, et, pour la seconde, on fait habituellement usage du niveau d'eau. Le nivellement des points successifs s'exécute à la manière ordinaire, en prenant pour point de départ un repère appartenant au canevas préalablement établi, et en se refermant sur un autre repère, lorsque le profil est assez long ou les différences de niveau assez grandes pour que l'on soit obligé de changer de station.

Construction des profils à grande échelle. Les dimensions verticales du terrain étant généralement beaucoup plus faibles que les dimensions horizontales, les échelles adoptées pour les plans seraient trop petites pour exprimer les ondulations du sol d'une manière distincte sur une projection verticale; on emploie donc ordinairement pour les profils les échelles de $\frac{1}{200}$, $\frac{1}{100}$, ou même de $\frac{1}{50}$.

Pour dessiner un profil, on commence par tracer une horizontale indéfinie que l'on prend pour ligne des abscisses, et à laquelle on donne une cote arbitraire composée d'un nombre rond de dizaines de mètres, mais telle cependant que le profil reste entièrement au-dessus d'elle, puis on rapporte les différents points nivelés à cette droite, en prenant leurs distances horizontales pour abscisses, et leurs hauteurs verticales au-dessus de la droite pour ordonnées. Par exemple, après avoir porté successivement, à partir d'un point quelconque *m* pris sur la ligne *ab*, les distances horizontales $6^m,00$, $8^m,90$....., mesurées sur le terrain entre les points *M* et *N*, *N* et *P*..... on élèvera aux différents points *m*, *n*, *p*, *q*, *r*..... des perpendiculaires sur lesquelles on prendra les longueurs de $2^m,50$, $4^m,75$, etc. qui sont les différences entre les cotes des points correspondants du profil résultant du nivellement, et la cote 10 assignée arbitrairement à l'horizontale *ab;* enfin on joindra par un trait continu tous les points ainsi déterminés. Pl. VIII, fig. 49.

Choix de l'emplacement des profils sur le terrain. Les profils à grande échelle sont employés particulièrement dans les levers relatifs à des travaux qui ont modifié ou qui doivent modifier la surface du terrain. Les directions de ces profils se trouvent alors déterminées par la nature même des objets qu'ils doivent représenter. Ainsi, pour faire connaître le relief d'une grande levée de terre avec ses talus et ses bermes, comme les remblais d'une ligne ferrée, les digues qui encaissent une rivière, etc. on les dirigera perpendiculairement au sens de la longueur de ces ouvrages.

Il est aisé de concevoir qu'un petit nombre de ces coupes réunies au plan doit suffire, en général, pour donner l'intelligence complète de semblables travaux. Réciproquement, c'est au moyen de quelques profils construits avec des tringles qu'on parvient à tracer, sur le terrain, des terrassements en tout relief.

Pour représenter une route dans tous ses détails, on emploie deux systèmes de projections verticales, un *profil en long*, dirigé suivant l'axe, et plusieurs *profils en travers*, c'est-à-dire perpendiculaires à la direction de cet axe, en chaque point considéré.

Mais si, au lieu de travaux d'art qui présentent toujours une certaine uniformité sur d'assez grandes longueurs, il s'agissait du terrain naturel avec ses irrégularités, les profils à grande échelle et en aussi grand nombre qu'on voudra les supposer produiraient dans l'esprit autant de confusion que la lecture des cotes de points isolés; aussi, dans ce cas, lorsqu'on fait usage des profils, c'est pour en rapporter directement sur le plan les éléments qui peuvent servir, comme nous le verrons bientôt, à déterminer, à la surface du terrain, des lignes plus propres que les profils eux-mêmes à en décrire les formes, et qui sont désignées sous le nom de *sections horizontales* ou *courbes de niveau*.

Sections ou courbes horizontales. *Les sections horizontales*, ou simplement *les horizontales*, sont des lignes idéales qui résulteraient de l'intersection de la surface du terrain par des plans horizontaux [1], de même que les profils sont les intersections de cette surface par des plans verticaux; seulement, tandis que les profils doivent être dessinés à part, et que leurs directions seules peuvent être tracées sur le plan, les horizon-

[1] En toute rigueur, une courbe horizontale est l'intersection du terrain par une surface de niveau, mais il n'y a aucun inconvénient à employer l'expression de plan horizontal qui est plus usitée.

tales s'y projettent toutes à la fois et sans confusion, en conservant leurs formes qui sont précisément celles des mouvements du sol à différentes hauteurs. Pour définir complétement la surface du terrain compris dans l'étendue d'un lever, on emploie une série de sections horizontales faites par des *plans équidistants*, c'est-à-dire laissant entre eux une même distance verticale, et étagés depuis le point le plus bas jusqu'au point le plus élevé du terrain.

On se représente parfaitement la nature de ces lignes et l'effet que leur ensemble doit produire, en imaginant que les eaux, après avoir submergé le terrain, se soient retirées en laissant à sa surface des sillons tracés par leurs rivages successifs, dans chaque position correspondante à un abaissement de niveau égal à l'équidistance des plans horizontaux.

Propriétés des courbes horizontales. Les principales propriétés des courbes horizontales construites sur un plan sont les suivantes :

En premier lieu, elles indiquent évidemment d'un seul coup d'œil tous les points du terrain qui sont au même niveau, ce qui permet de simplifier considérablement l'inscription des cotes; car il suffira d'écrire Pl. VIII, fig. 50.
de distance en distance le nombre 90,00, par exemple, auprès de la courbe *ab*, pour indiquer que tous les points du terrain sur lesquels passe cette courbe, sont à la cote 90,00.

On peut remarquer, en second lieu, que les plans des sections horizontales étant équidistants, dans les pentes raides, les projections de ces sections sur la carte se rapprocheront, tandis que dans les pentes faibles, elles s'écarteront. La figure 51, qui représente le profil *a b* d'une Pl. VIII, fig. 51.
surface de révolution autour de l'axe *a a'* et des sections horizontales faites dans cette surface, par des plans équidistants, met cette propriété Pl. VIII, fig. 52.
en évidence. On peut même déduire de l'espacement des horizontales sur le plan, la pente exacte du terrain en un point déterminé.

Si l'on considère, en effet, les deux courbes consécutives cotées 90 et 91, (ce qui signifie que la distance verticale des plans qui les contiennent est de $1^m,00$), en mesurant la distance horizontale ab des deux courbes, on aura la base et la hauteur de la pente du terrain, entre les deux points a et b; dans le cas actuel, la figure étant supposée à l'échelle de $\frac{1}{1000}$, ab aurait $7^m,00$ de longueur et la pente serait de $\frac{1}{7}$; on trouverait de même que la distance cd est de $14^m,00$ et que, par conséquent, de c en d, la pente du terrain est seulement de $\frac{1}{14}$.

Enfin, si, au lieu de deux courbes consécutives, on en considère un nombre quelconque, on conçoit qu'il serait possible de construire, dans toutes les directions, des profils du terrain qu'elles représentent;
Pl. VIII, fig. 53. c'est ainsi que le profil mn a été construit sur la figure 53. Ces profils pourraient servir au besoin à figurer les ondulations du terrain dans le sens vertical, si l'on éprouvait quelque difficulté à se les représenter; mais, avec un peu d'habitude, on parvient à s'en passer; et tandis que les courbes elles-mêmes expriment les sinuosités de la surface du sol, dans le sens horizontal, leur plus ou moins d'écartement indique tous les mouvements de cette surface dans le sens vertical, de sorte qu'à la seule inspection d'un plan levé par courbes horizontales on acquiert l'idée la plus complète et la plus nette du relief du terrain.

Avantage de l'emploi des sections horizontales dans l'établissement des projets. D'un autre côté, les projets et les calculs de toute sorte que l'on peut avoir à exécuter sur de pareils plans prennent un caractère de précision qu'on atteindrait difficilement en employant tout autre système de dessin; on s'en convaincra en remarquant simplement que, si l'équidistance des plans des courbes est assez petite, on peut assigner immédiatement à chaque point du terrain la cote qui lui convient, avec une exactitude suffisante.

Pl. IX, fig. 54. Soit, par exemple, le point m situé entre les deux courbes 77 et 78; par ce point l'on mène $a\,b$, autant que possible perpendiculaire à la fois sur les deux courbes. En supposant que la pente du terrain soit uniforme de a en b, pour trouver la cote du point m, il suffira évidemment de poser la proportion $ab : mb :: 1 : x$, c'est-à-dire de chercher le rapport numérique des deux longueurs *bm* et *ab*, et de l'ajouter à la cote 77 qui est la plus faible des deux.

Équidistance des plans des courbes horizontales. L'équidistance verticale des plans des courbes dépend principalement de l'échelle du plan, car il y a une limite matérielle au rapprochement des lignes sur le dessin; on peut admettre, en général, pour les cartes manuscrites, l'équidistance de $1^m,00$ pour l'échelle de $\frac{1}{1,000}$; celle de 2^m00 pour l'échelle de $\frac{1}{2,000}$; de $5^m,00$ pour $\frac{1}{5,000}$, etc. de sorte que, réduites à l'échelle correspondante du plan, ces équidistances sont toujours de 1 millimètre effectif. Or, comme les pentes les plus rapides atteignent rarement 45°, il s'en suit que les courbes seront toujours écartées de 1 millimètre au moins, ce qui permettra de les dessiner sans confusion.

Dans tous les cas, les cotes des courbes doivent être exprimées en nombre ronds, sauf à déterminer à part celles de quelques points isolés supérieurs ou inférieurs aux courbes extrêmes.

Courbes intercalées. — Notation particulière des courbes destinées à faciliter la lecture de la carte. Lorsque les pentes du terrain sont très-faibles et que, par suite, les courbes s'éloignent trop les unes des autres pour en définir convenablement la surface, on intercale des courbes intermédiaires. Ainsi, à l'échelle de $\frac{1}{1,000}$, outre les courbes de mètre en mètre, on peut employer des courbes intercalaires dont les plans soient distants de 50 centimètres ou seulement de 25 centimètres. Mais alors, pour distinguer les horizontales intercalées, on les dessine en traits interrompus, tandis que celles qui conservent l'équidistance de $1^m,00$ sont tracées en lignes pleines. Afin d'éviter de multiplier l'inscription des cotes, et pour faire suivre facilement de l'œil les sinuosités des courbes, dans toute l'étendue du plan, on est encore convenu de dessiner d'un trait plus fort celles qui expriment des différences de niveau de 5, de 10, de 20, de 50 ou de 100 mètres, suivant l'échelle.

Lever des courbes horizontales. Le lever des courbes horizontales peut s'effectuer par deux méthodes distinctes :

1° En déterminant directement chaque courbe par points sur le terrain, au moyen du niveau d'eau, et en levant ces points à la planchette ou à la boussole;

2° En faisant une série de profils plus ou moins rapprochés, et dirigés, en général, dans le sens des plus grandes pentes, que l'on rapporte sur le plan et sur lesquels on marque ensuite les points à cotes rondes qui appartiennent aux courbes de niveau successives.

Pl. IX, fig. 55. Tracé et lever des courbes par points. (Première méthode.) Soit a, un repère à la cote 39,45, et supposons qu'il s'agisse de déterminer des points de la courbe 40; le niveau étant en station au point N, l'opérateur enverra le porte-mire en a et donnera un coup de niveau sur ce point. Soit 1^m,13, la hauteur trouvée sur la mire; pour passer de la cote 39,45 à la cote 40, il est clair qu'il faudra diminuer cette hauteur de 0^m,55, ce qui donnera 0^m,58. Le porte-mire devra donc fixer la plaque à cette dernière hauteur, puis remonter la pente du terrain, en posant de temps en temps le talon de la mire à terre, jusqu'à ce que l'opérateur lui fasse signe de s'arrêter. On aura alors un premier point à la cote 40, que l'on marquera en y laissant une fiche ou un piquet; le porte-mire se transportera ensuite à quelques mètres de ce premier point, en tâchant de ne monter ni de descendre, et il recommencera le tâtonnement que l'on vient d'indiquer, pour trouver un second point. Après un petit nombre d'opérations de ce genre, le porte-mire acquiert ordinairement assez d'habitude pour aller se placer, presque du premier coup, sur un point appartenant à la courbe, qui se trouve ainsi tracée avec rapidité sur le terrain. On peut conserver le même intervalle entre les points successifs, en attachant l'une des poignées d'une chaîne au talon de la mire, et en fixant l'autre successivement au dernier point déterminé. On aura même ainsi une vérification dans le lever des points, qui s'exécute avec facilité par rayonnement, soit à la planchette, soit à la boussole, l'un ou l'autre de ces instruments étant mis en station en P, à quelque distance du point N. Pour continuer à lever la courbe, à moins que celle-ci ne se ferme sur elle-même, sans que ses points s'éloignent de plus de 40 à 50 mètres du niveau d'eau, on devra changer de station; mais auparavant il sera préférable de lever les courbes voisines. Si l'équidistance est de $1^{m},00$ seulement, il suffira, pour cela, de faire mettre la plaque de la mire à la hauteur de $1^{m},58$ pour la courbe 39, puis successivement aux hauteurs de $2^{m},58$ et de $3^{m},58$ pour les courbes 38 et 37. Il faudra également changer de station pour les courbes au-dessus de 40 ou au-dessous de 37, et, lorsqu'on le pourra, il sera préférable de partir, à chaque station, d'un repère de nivellement.

Le lever direct des courbes horizontales par points convient particulièrement aux terrains plats ou peu ondulés; on peut également en faire usage pour déterminer les premières courbes sur les sommets des plateaux, mais lorsqu'on arrive aux pentes prononcées, il est préférable d'employer la seconde méthode.

Lever des courbes horizontales au moyen de profils nivelés. (Seconde méthode.) Pour bien saisir les formes de la surface du terrain, en l'étudiant au moyen de profils, on trace ceux-ci, comme on l'a déjà dit, dans la direction des plus grandes pentes; en outre, lorsque cette surface est ondulée dans le sens horizontal, les profils doivent être assez rapprochés; on en fait donc au moins un dans le voisinage de chaque arête rentrante ou saillante, et d'autres dans les intervalles entre ces arêtes, aux inflexions du terrain.

Enfin, sur chaque profil, on a soin de déterminer les cotes des points situés aux principaux changements de pente, ce qui permet ensuite de trouver facilement les points de passage des courbes, c'est-à-dire les points à cotes rondes.

Soient, par exemple, les profils aa', bb', cc', dd', nivelés et rapportés sur un plan; considérons l'un de ces profils, aa', sur lequel les Pl. IX, fig. 56.

points m, n, p, qui ont été nivelés, se trouvent respectivement cotés 24,30, 21,44 et 18,70; en admettant qu'entre deux points consécutifs la pente soit uniforme, on trouvera immédiatement, par un calcul facile de parties proportionnelles, les points cotés 19, 20, 21, 22, 23 et 24; en opérant de même, sur les profils bb', cc', dd', on déterminera les points de passage des mêmes courbes.

Lorsque les points qui ont la même cote sont assez rapprochés, on les joint par un trait continu qui se trouve seulement interrompu à la rencontre des bâtiments, des cours d'eau, des fossés ou des excavations, des routes et des chemins tant en déblai qu'en remblai; mais sur toutes les chaussées, on cherche à part les points à cotes rondes, pour faire connaître leur encaissement ou leur exhaussement et pour déterminer les pentes des rampes qui peuvent y exister. Les horizontales doivent même être tracées, autant que l'échelle du dessin le permet, sur les talus des terrassements et jusque sur les rochers qui ne sont pas trop escarpés.

Profils parallèles. Quand la surface du terrain ne présente pas des formes très-accentuées, et que le plan est dessiné à une grande échelle, on peut faciliter le lever des courbes en traçant, sur le terrain, des profils parallèles et équidistants sur lesquels on cherche directement les points de passage des courbes que l'on rapporte en même temps sur la planchette.

Cette méthode, qui est en quelque sorte une combinaison des deux précédentes, est surtout avantageuse lorsqu'elle peut être employée par deux topographes opérant simultanément.

Voici, en quelques mots, la marche à suivre:

Pl. IX, fig. 57. A et B étant deux points du terrain déjà rapportés sur le plan, on portera sur la ligne AB des distances égales AM, MN, NP, etc. de 10^m, en 10^m par exemple; aux points A, M, N, P, on élèvera, au moyen de l'équerre d'arpenteur, des perpendiculaires $A'A''$, $M'M''$, $N'N''$, que l'on jalonnera de part et d'autre de la ligne AB, et qui détermineront les directions d'autant de profils parallèles que l'on rapportera, par une simple opération graphique, sur la planchette. On mettra ensuite celle-ci en station en un point *o*, choisi dans le voisinage ou même sur l'un des profils, au moyen duquel il sera facile de l'orienter.

Pendant ce temps, le second opérateur aura mis le niveau d'eau en station en *n*, à quelques mètres de distance de la planchette, et, au moyen d'un coup de niveau donné sur un repère peu éloigné, il aura calculé les hauteurs de mire convenables pour déterminer les trois ou quatre courbes voisines; le porte-mire se guidant sur les jalons qui indiquent les directions des profils et qui, à cet effet, devront être au moins au nombre de trois, montera ou descendra les pentes du terrain suivant les indications du niveleur, et chaque fois que celui-ci l'arrêtera, l'opérateur placé à la planchette visera sur la mire et tracera une ligne dont l'intersection avec celle qui représente le profil parcouru par le porte-mire sera l'un des points cherchés. On joindra ensuite par un trait continu les points appartenant à chaque courbe.

Nivellement des terrains plats. Il peut arriver que la surface du terrain, sans être tout à fait plane, soit trop peu ondulée pour que l'on puisse en saisir les formes au moyen de courbes horizontales. Dans ce cas, on se borne à déterminer les cotes de points également répartis sur la surface du terrain, et plus ou moins rapprochés les uns des autres, selon le but du nivellement.

Attachement des déblais. C'est ainsi, par exemple, que l'on prend l'*attachement* de la surface d'un terrain qui doit être déblayé, en attendant que l'on puisse niveler la surface du fond du déblai, pour en calculer le volume. Afin de répartir également les points dont on cherche les cotes, il convient alors de les prendre aux intersections de deux séries de profils parallèles et équidistants menés dans des directions rectangulaires, de sorte que les différences des cotes sur les mêmes verticales donnent les hauteurs des arêtes des prismes quadrangulaires dans lesquels le volume du déblai se trouve ainsi décomposé.

APPENDICE.

Pl. X.

LEVERS DE RECONNAISSANCE.

But de la topographie expéditive. Les levers expéditifs ou *de reconnaissance*, moins complets et nécessairement moins exacts que les levers réguliers, n'en rendent pas moins de grands services dans une foule de circonstances, notamment dans les études d'avant-projets, dans les voyages et à la guerre.

Simultanéité des opérations. On emploie dans ce genre de lever les mêmes méthodes que pour la topographie régulière; seulement l'opérateur doit toujours supposer qu'il ne lui sera pas possible de revenir sur ses pas, et s'occuper en conséquence, à chaque station, du lever du canevas, de celui des détails et du nivellement.

Pl. X, fig. 58 et 59.

Instruments en usage. Les instruments qu'on emploie dans les levers de reconnaissance qui doivent offrir un assez grand degré d'exactitude, sont, le plus ordinairement : 1° une planchette légère sur laquelle le topographe rapporte toutes ses opérations sur place; 2° une petite boussole appelée *déclinatoire*, que l'on fixe sur l'un des bords de la planchette, et au moyen de laquelle on oriente rapidement cette planchette en la faisant tourner jusqu'à ce que les pointes de l'aiguille correspondent à des repères tracés sur la boîte; 3° une alidade *nivelatrice*, dont on décrira plus loin la disposition et l'usage.

Canevas de la planimétrie. On choisit ordinairement pour stations des points pris sur des routes ou sur des sentiers faciles à parcourir. Ces stations sont levées par cheminement, et leurs distances se mesurent au *pas de route.* La direction principale suivie par l'opérateur forme une sorte de base brisée, de laquelle partent les cheminements latéraux du canevas des détails.

Dès les premières stations, on vise sur des objets éloignés, mais toujours compris dans les limites du terrain à représenter sur la planchette, et qui paraissent propres à servir de signaux naturels, tels que la pointe d'un clocher, le faîte d'un pignon ou d'une cheminée, la cime d'un arbre, etc. Ces points, obtenus par intersections, forment ensuite les sommets d'une triangulation dont on se sert pour vérifier ou pour déterminer, par recoupement, les positions des nouvelles stations, et pour rectifier, au besoin, l'orientation donnée par le déclinatoire. Au fur et à mesure que l'on continue à lever la base par cheminement, on détermine d'autres points destinés à jouer le même rôle, et le réseau de ce canevas principal s'étend ainsi de proche en proche, de manière à couvrir tout le terrain du lever, et à garantir l'exactitude de l'ensemble du travail.

Le canevas des détails se lève, autant que possible, par polygones fermés; mais on est souvent obligé d'interrompre les cheminements, principalement sur les bords de la carte; on a soin alors de vérifier la position du point d'arrêt, en recoupant deux ou trois sommets de la triangulation. On opère de même quand on se transporte à une station isolée, c'est-à-dire à laquelle on parvient sans l'avoir reliée aux autres, soit par cheminement, soit par intersection.

Lever des détails. Le long des côtés de la base et des cheminements latéraux, on lève les détails au pas, par rayonnement, en s'aidant de l'alidade, ou par la méthode des coordonnées, appliquée alors sans le secours d'aucun instrument. Quant aux détails éloignés des lignes du canevas, on en dessine souvent les masses *à vue,* en s'aidant de tous les indices que l'on peut recueillir à distance et en les groupant autour de points déterminés géométriquement. C'est ainsi que l'on rapporte sur le plan les habitations isolées, les fermes et autres édifices de quelque importance, les enclos, les massifs d'arbres, les pièces d'eau, etc. dont on ne peut pas s'approcher, faute de temps ou pour tout autre motif.

Sur les rivières et les ruisseaux dont on suit les bords, on a soin de représenter ou de signaler tout ce qui peut offrir de l'intérêt au point de vue des communications ou de l'industrie, comme les ponts, les gués, les bacs, les quais, les barrages, les digues, les moulins, etc. Il est également très-utile, toutes les fois que les circonstances le permettent, de sonder la profondeur des cours d'eau de distance en distance, et d'en dessiner, à une assez grande échelle, des profils transversaux, sur lesquels on marque les niveaux des plus hautes et des plus basses eaux, avec les époques ordinaires des crues et de l'étiage, d'après les renseignements qu'on a pu obtenir des habitants du pays.

Le nombre et l'exactitude des détails d'un lever de reconnaissance dépendent d'ailleurs principalement du temps que l'on peut consacrer à ce travail.

Pl. X, fig. 59. NIVELLEMENT PAR LA MESURE DES PENTES. — ALIDADE NIVELATRICE. Le nivellement s'effectue par la mesure des inclinaisons des rayons visuels dirigés de chaque station sur les points environnants. L'alidade nivelatrice sert à déterminer les directions de ces rayons sur le plan, ainsi que leurs inclinaisons.

Cet instrument se compose d'une règle de $0^m,30$ à $0^m,40$ de longueur, portant à ses deux extrémités des *pinnules* ou lames verticales de cuivre, percées d'une fente, avec un fil tendu en son milieu. Les montants des pinnules sont divisés en parties égales qui représentent chacune un centième de la longueur de la règle. Cette règle porte un petit niveau à bulle d'air qui y est invariablement fixé.

MANIÈRE D'OPÉRER. La planchette étant sensiblement horizontale, pour mesurer la différence de niveau qui existe entre la station et un autre point du terrain déjà marqué sur le plan, on commence par viser sur ce dernier point, à travers les pinnules de l'alidade, en projetant les deux fils l'un sur l'autre et sur l'objet visé; puis on s'assure que la bulle d'air occupe bien le milieu du tube du niveau, en calant au besoin l'une des extrémités de la règle, pour que cette condition soit remplie. En supposant d'abord que le point visé A soit plus élevé que la station, on place l'œil en m au bas de la pinnule la plus éloignée de l'objet à viser, où se trouve le zéro de la graduation, et on cherche sur la pinnule opposée la division p par laquelle passe le rayon visuel $m\,A$ dirigé sur le point considéré A, en s'aidant à cet effet, soit d'un crayon, soit d'un morceau de papier plié en deux que l'on fait glisser le long de cette graduation. L'inclinaison du rayon visuel sur l'horizon est alors mesurée par le rapport $\frac{n\,p}{m\,n} = \frac{p}{100}$ et, si la distance $m\,A'$ est connue, il suffit, pour calculer la hauteur $A\,A'$ du point A au-dessus du plan de la planchette, de poser la proportion : $\frac{A\,A'}{m\,A'} = \frac{p}{100}$; d'ou $A\,A' = \frac{p}{100} \times m\,A'$. Si, par exemple, la distance de la station au point A, mesurée horizontalement, est de 92 mètres, p étant égal à 20, en multipliant 92^{m} par 0,20 on trouvera $18^{m},40$ pour la hauteur $A\,A'$, hauteur à laquelle il faudra ajouter celle de la planchette au-dessus du terrain pour avoir la différence de niveau cherchée. Pl. X, fig. 60.

Lorsque le point visé B est moins élevé que la station, on cherche, en maintenant alors le rayon visuel sur le zéro de la pinnule antérieure, la division q où ce rayon vient rencontrer l'autre pinnule. La distance verticale $B\,B'$ du point B au plan de la planchette se calcule d'ailleurs de la même manière que dans le cas précédent. Ainsi, la distance horizontale $n\,B'$ de la station au point B étant supposée de 76 mètres, et q étant égal à 12, on aura $B\,B' = 76^{m} \times 0,12 = 9^{m},12$, quantité qu'il faudra diminuer de la hauteur de la planchette au-dessus du terrain, pour avoir la différence de niveau entre la station et le point B. Pl. X, fig. 61.

Si, au lieu d'un point du terrain, on a visé le sommet C d'un signal Pl. X, fig. 62 et 63.

CD, la différence de niveau calculée devra encore être diminuée ou augmentée de la hauteur CD du signal.

Cette hauteur elle-même est également facile à calculer, quand on découvre le pied du signal. Il suffit, pour cela, de viser successivement les points C et D et de lire les divisions r et s correspondantes sur l'une des pinnules; les deux rayons visuels passant par le zéro de l'autre; on aura alors, en effet, la proportion $\frac{mn}{r-s} = \frac{mC'}{CD}$, d'où $CD = mC' \times \frac{r-s}{mn} = MC' \times \frac{r-s}{100}$.

Les hauteurs des différents signaux naturels qui ont été pris pour sommets de la triangulation doivent être ainsi calculées, dès qu'on a déterminé la distance de chacun d'eux à l'une des stations de la base, et on a soin d'en tenir compte ensuite quand on recoupe ces signaux pour vérifier à la fois la position d'une station et sa cote de nivellement.

Tracé des sections horizontales. Pour tracer, au moins approximativement, les sections horizontales, on s'attache à diriger quelques-uns des cheminements sur les lignes qui accusent le mieux les ondulations du terrain, et on mesure les pentes dans différentes directions. Ces directions prises, même sur des points qui ne sont pas encore déterminés de position sur le plan, avec les pentes mesurées au moyen de l'alidade et exprimées en fractions décimales, suffisent pour déterminer un nombre plus ou moins considérable de points à cotes entières par lesquels doivent passer les sections horizontales, selon l'équidistance adoptée. Les amorces de courbes à la même cote que l'on trace ainsi, aux différentes stations, permettent ensuite d'achever le figuré des mouvements du terrain, en se guidant sur toutes les indications qu'on a pu réunir. Mais cette partie du lever des reconnaissances exige une grande habitude de juger les formes du terrain, et une longue pratique des opérations régulières du nivellement.

Dessin de la carte minute. Orientation. Le trait de la carte minute doit être arrêté sur le terrain même, et passé à l'encre à la fin de chaque séance, pendant que l'on a encore présentes à la mémoire les différentes circonstances du travail, et que l'on peut mieux se reconnaître au milieu de toutes les lignes de construction qui recouvrent le papier, ainsi que des indications de toute sorte qu'il a fallu y consigner. Quand la carte est terminée, il faut toujours avoir soin d'y tracer la direction de la méridienne magnétique donnée par le déclinatoire, et celle du nord vrai, quand on connaît la déclinaison de l'aiguille aimantée.

Échelle du pas. Les distances sont rapportées sur la minute, au moyen d'une échelle dont l'élément est la longueur du pas de l'opérateur. Cette longueur doit avoir été déterminée préalablement, en parcourant des distances connues, comme celles qui séparent les bornes kilométriques plantées sur la plupart des routes, et en comptant le nombre de pas que l'on fait pour aller d'une borne à l'autre. Un homme de taille moyenne fait ordinairement de 120 à 135 pas pour 100 mètres.

Supposons que l'on ait trouvé la proportion de 130 pas pour 100 mètres, ce qui équivaut à très-peu près à 100 pas pour 77 mètres. Si l'échelle adoptée pour le dessin est de $\frac{1}{10.000}$, 1000 pas seront représentés à cette échelle par 0^m, 077. On construira alors, sur l'un des côtés de la carte minute, avec cette longueur prise sur un double décimètre, une échelle du pas, sous la même forme que les échelles décimales ordinaires, et on dessinera en outre, sur la carte terminée, l'échelle métrique de $\frac{1}{10.000}$.

FIN.

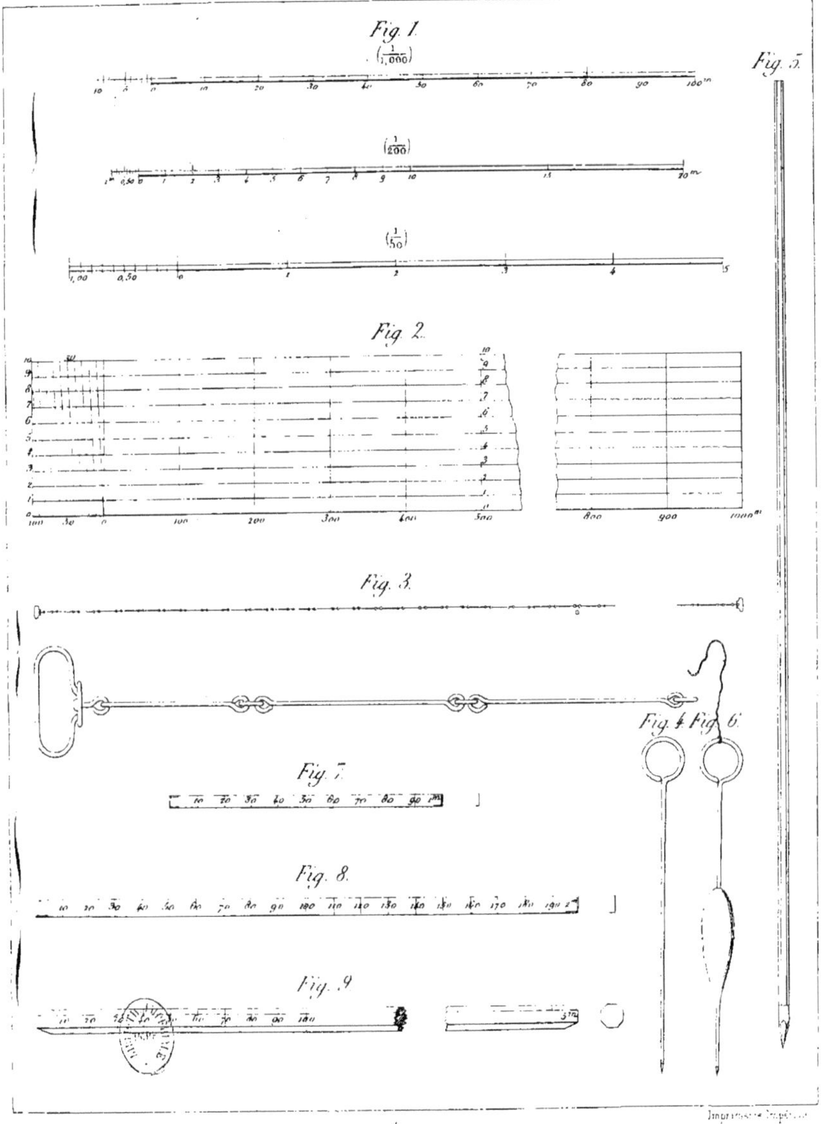

Fig. 1.

($\frac{1}{1,000}$)

10 5 0 10 20 30 40 50 60 70 80 90 100m

($\frac{1}{200}$)

1m 0,50 0 1 2 3 4 5 6 7 8 9 10 15 20m

($\frac{1}{50}$)

1,00 0,50 0 1 2 3 4 5

Fig. 2.

10 9 8 7 6 5 4 3 2 1 0

100 50 0 100 200 300 400 500 800 900 1000m

Fig. 3.

Fig. 4. Fig. 5. Fig. 6.

Fig. 7.

10 20 30 40 50 60 70 80 90 1m

Fig. 8.

10 20 30 40 50 60 70 80 90 100 110 120 130 140 150 160 170 180 190 2m

Fig. 9.

10 20 30 40 50 60 70 80 90 100 3m

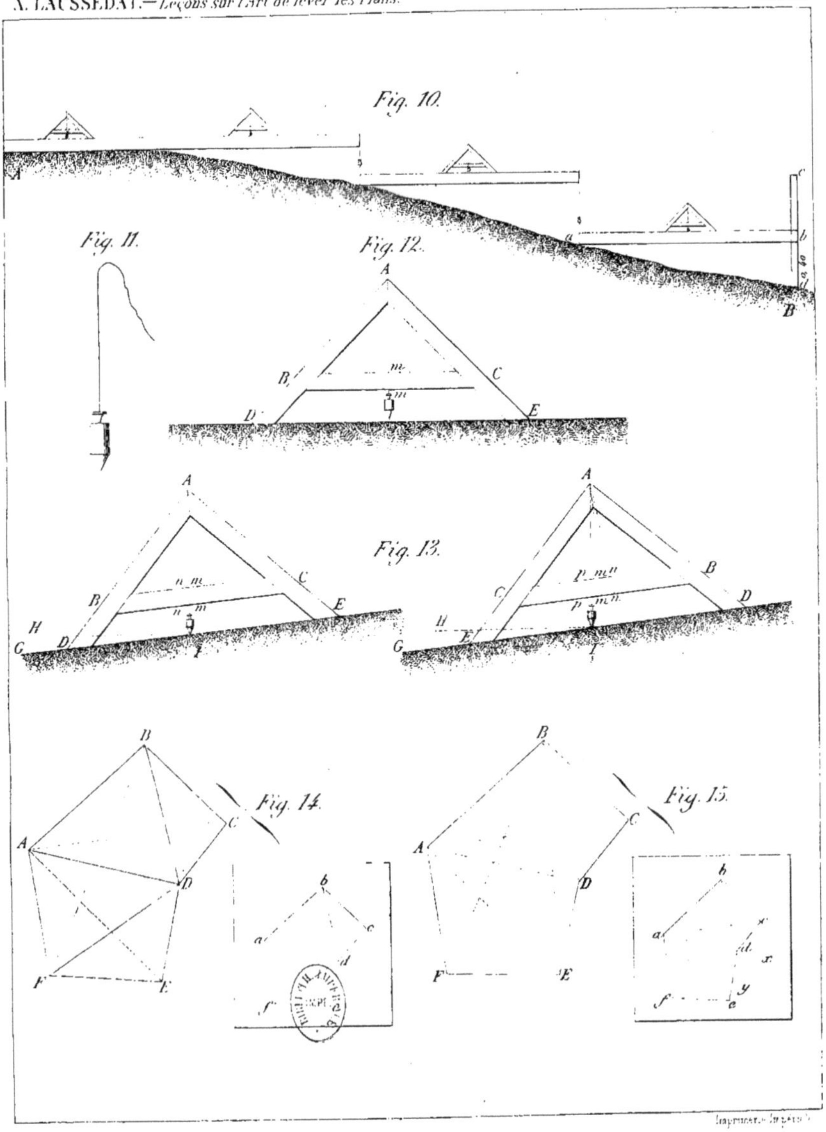

Fig. 10.

Fig. 11.

Fig. 12.

Fig. 13.

Fig. 14.

Fig. 15.

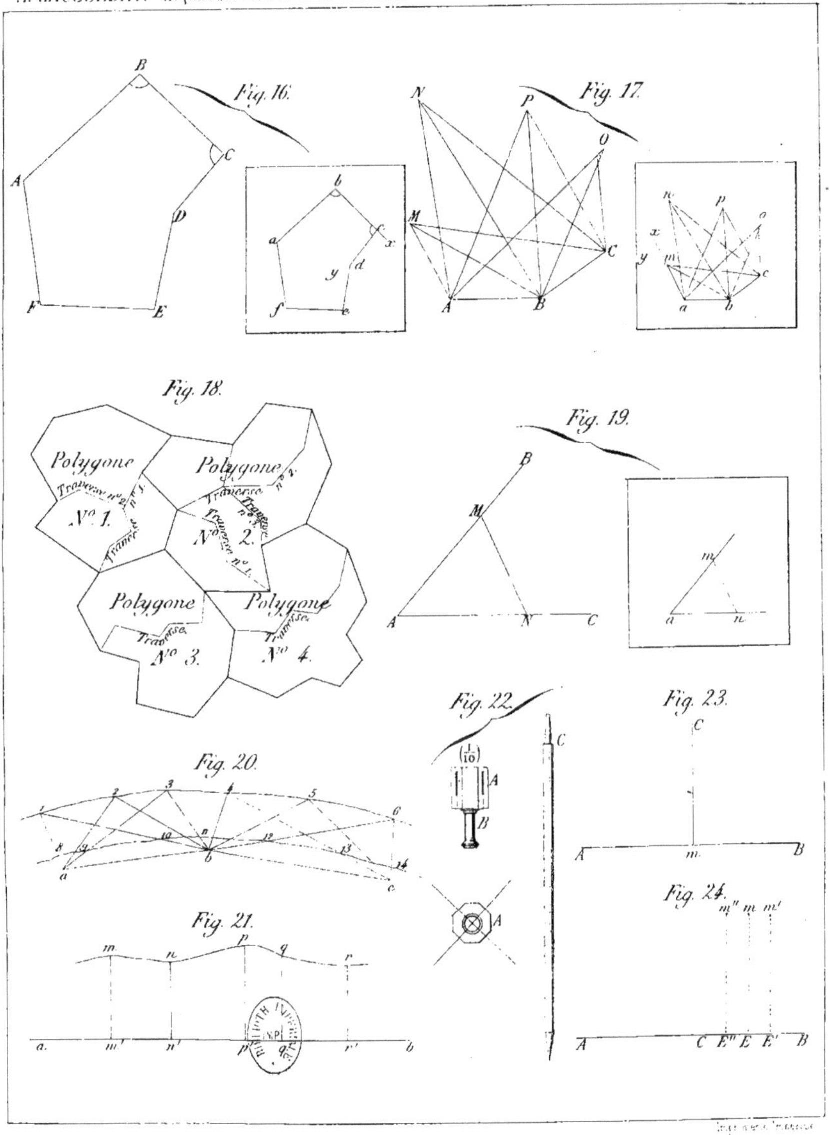

Fig. 16.

Fig. 17.

Fig. 18.

Polygone Traverse n° 2 n° 1 Traverse N° 1.

Polygone n° 2 Traverse n° 3 Traverse N° 2. Traverse n° 1.

Polygone Traverse N° 3.

Polygone Traverse N° 4.

Fig. 19.

Fig. 20.

Fig. 21.

Fig. 22.

$\left(\frac{1}{10}\right)$

Fig. 23.

Fig. 24.

Imp. Lemercier

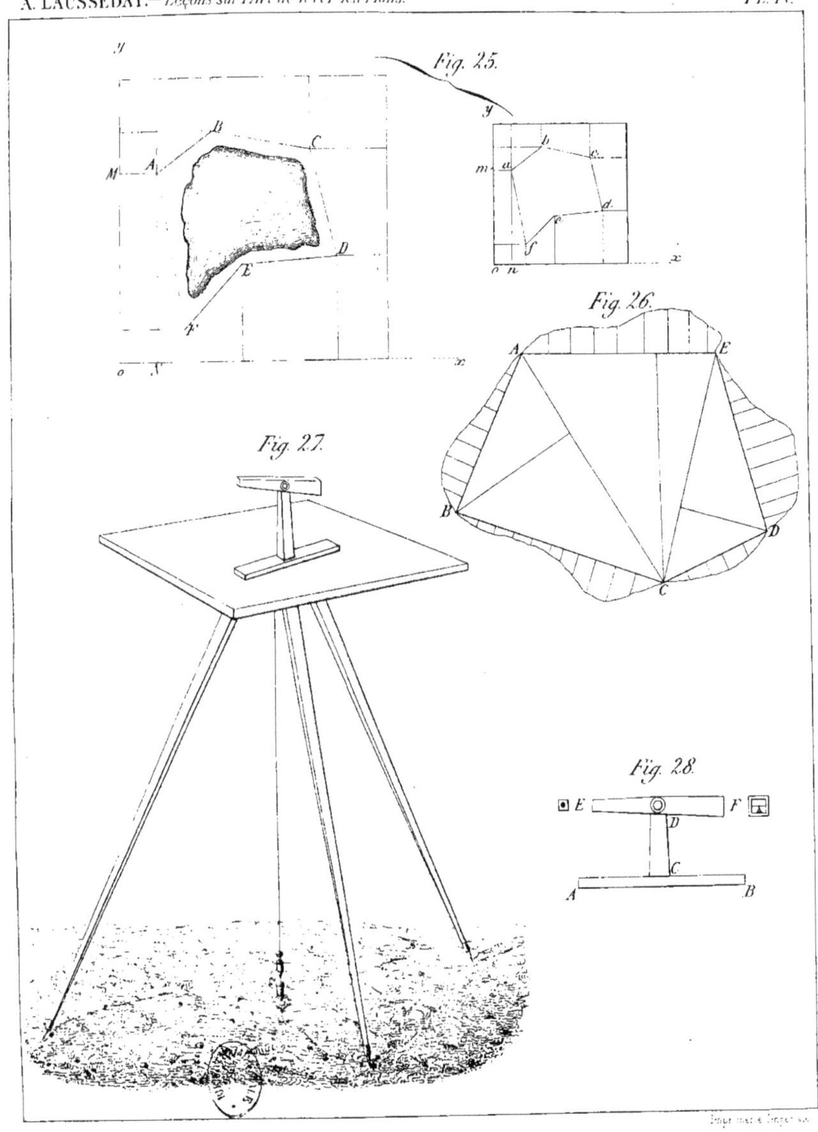
Fig. 25.
y
B
C
M
A
D
E
F
o
N
x
y
b
c
m
a
d
e
f
o
n
x
Fig. 26.
A
E
B
D
C
Fig. 27.
Fig. 28.
E
F
D
C
A
B

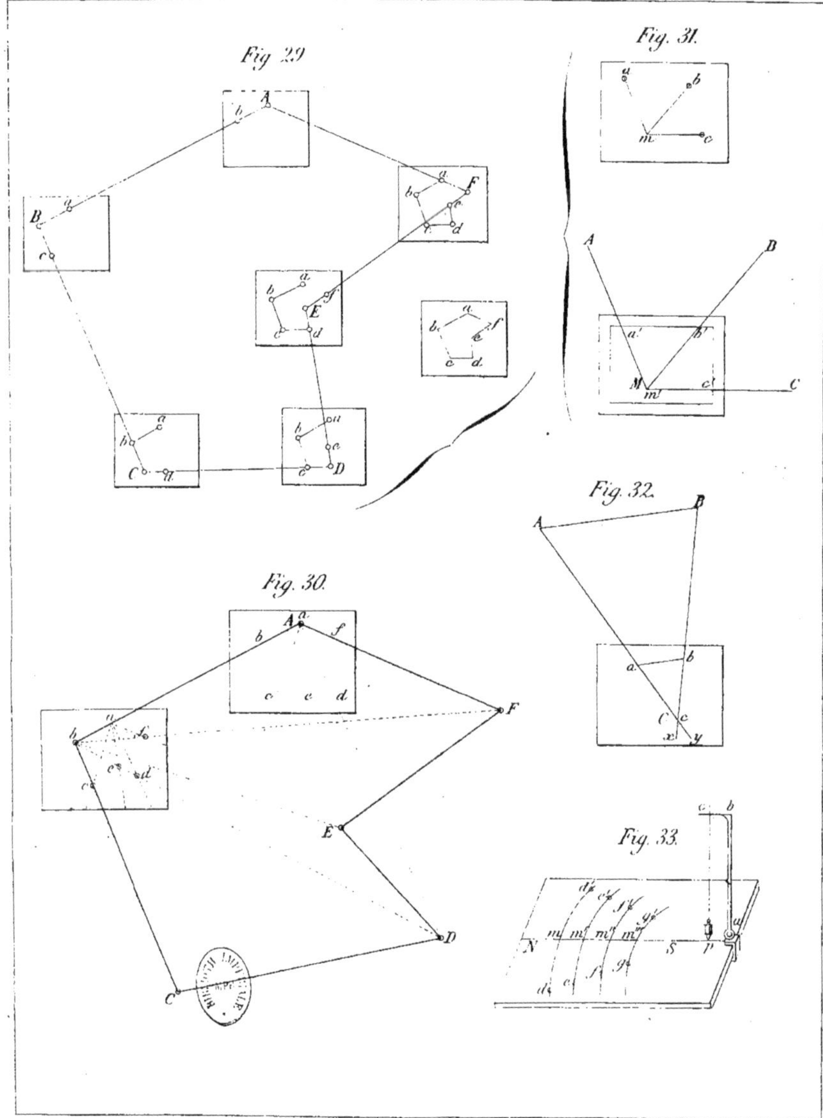
Fig. 29
Fig. 30.
Fig. 31.
Fig. 32.
Fig. 33.

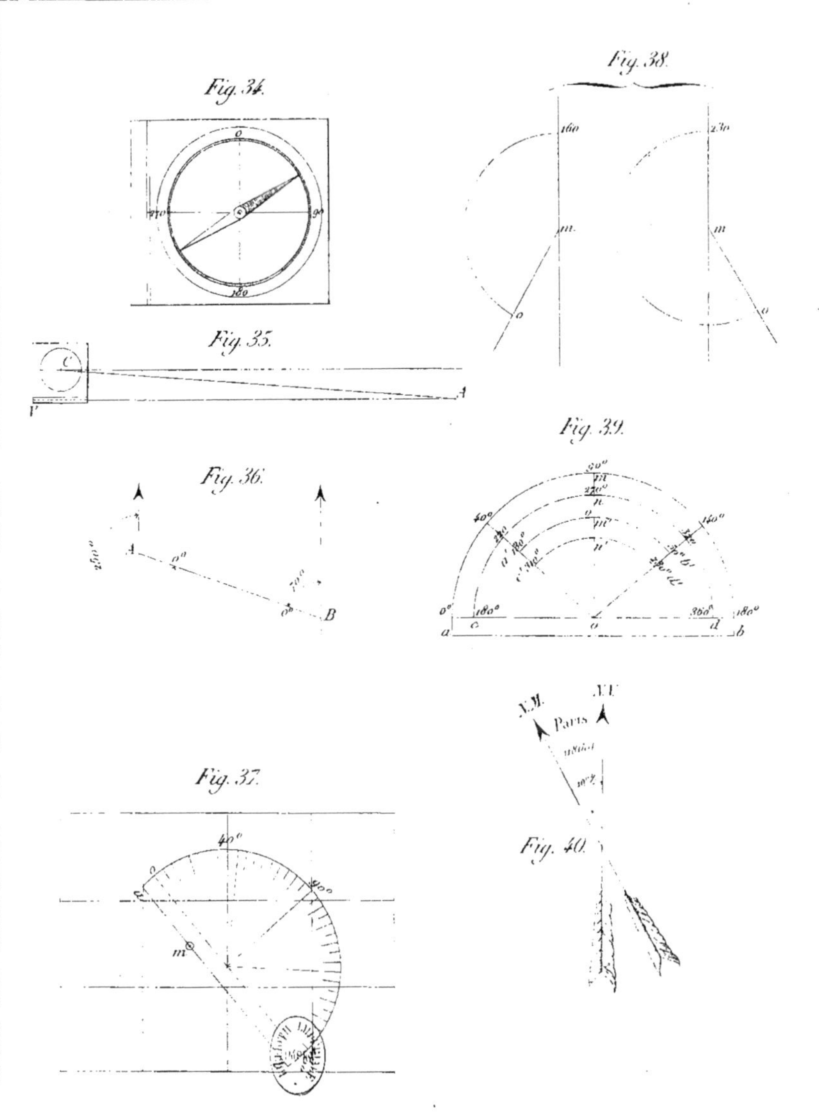
Fig. 34.
0
270
90
180
Fig. 35.
C
A
V
Fig. 36.
A
B
0°
250°
70°
Fig. 37.
40°
0
90°
a
m
Fig. 38.
160
230
m
o
Fig. 39.
90°
270°
0°
40°
140°
180°
360°
a
b
c
d
o
Fig. 40.
Paris

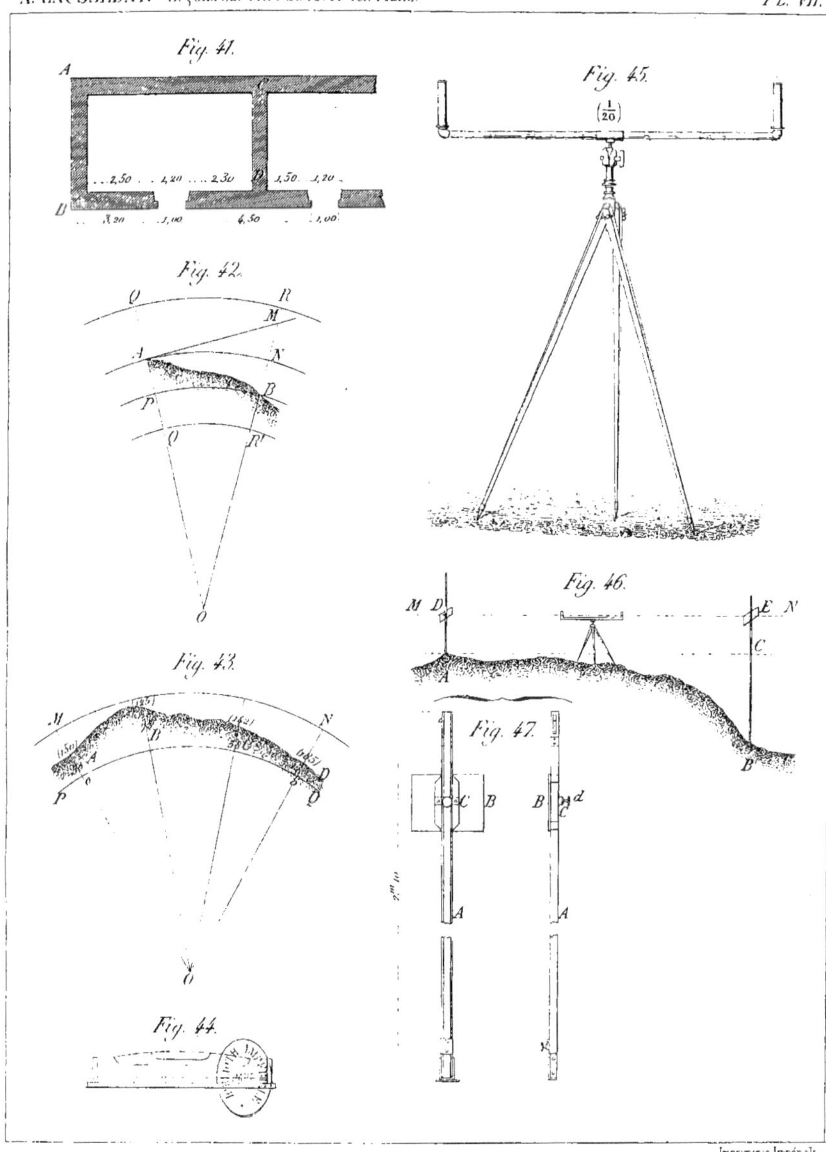

Imprimerie Impériale

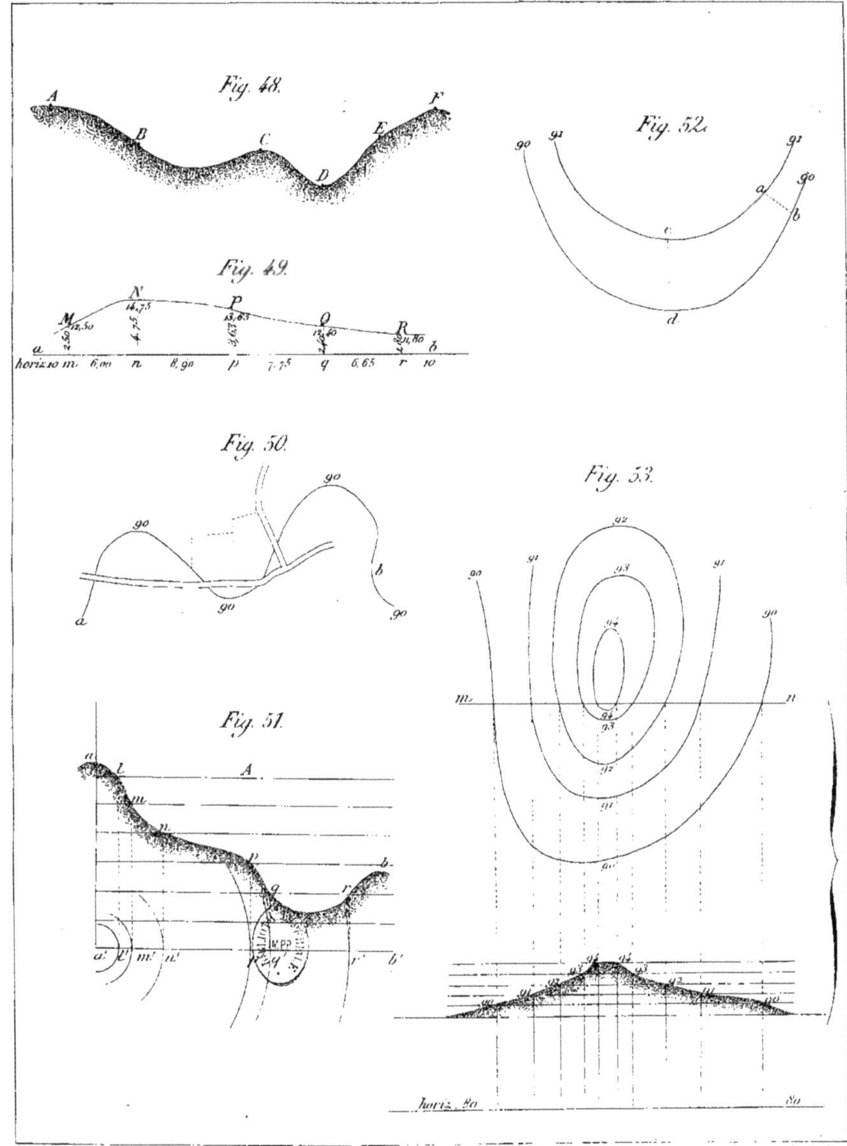
Fig. 48.
A
B
C
D
E
F
Fig. 49.
M
N
P
Q
R
12,50
14,75
13,63
12,40
11,80
a
b
horiz.10 m.
6,00
n
8,90
p
7,75
q
6,65
r
10
Fig. 50.
90
b
a
Fig. 51.
a
l
A
m
n
p
b
q
r
a'
l'
m'
n'
r'
b'
Fig. 52.
90
91
a
b
c
d
Fig. 53.
92
93
94
m
n
horiz. 80
80

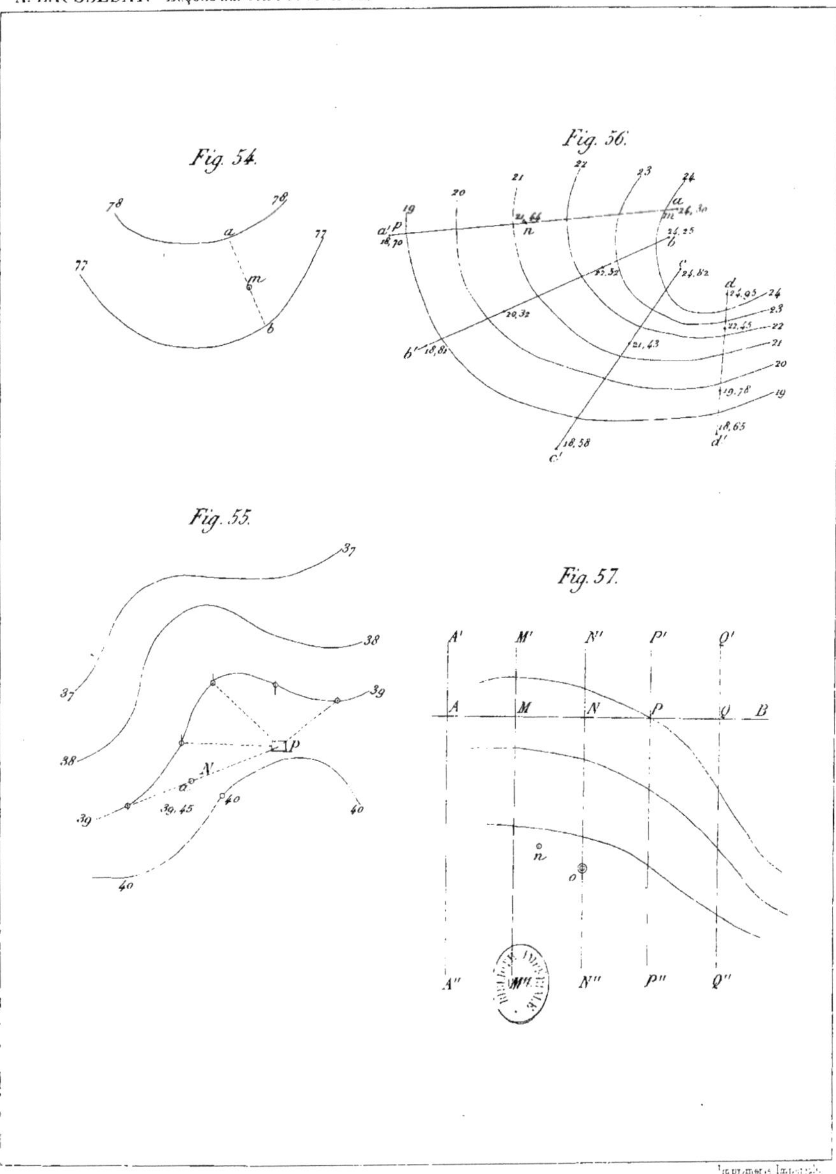

Fig. 54.
78
78
77
77
a
m
b
Fig. 56.
19
20
21
22
23
24
a'
p
18,70
n
a
m
24,30
24,25
b
c
24,82
d
24,95
22,45
20,32
21,43
b'
18,81
19,78
18,65
18,58
c'
d'
Fig. 55.
37
38
39
40
p
N
a
39,45
Fig. 57.
A'
M'
N'
P'
Q'
A
M
N
P
Q
B
n
o
A''
M''
N''
P''
Q''

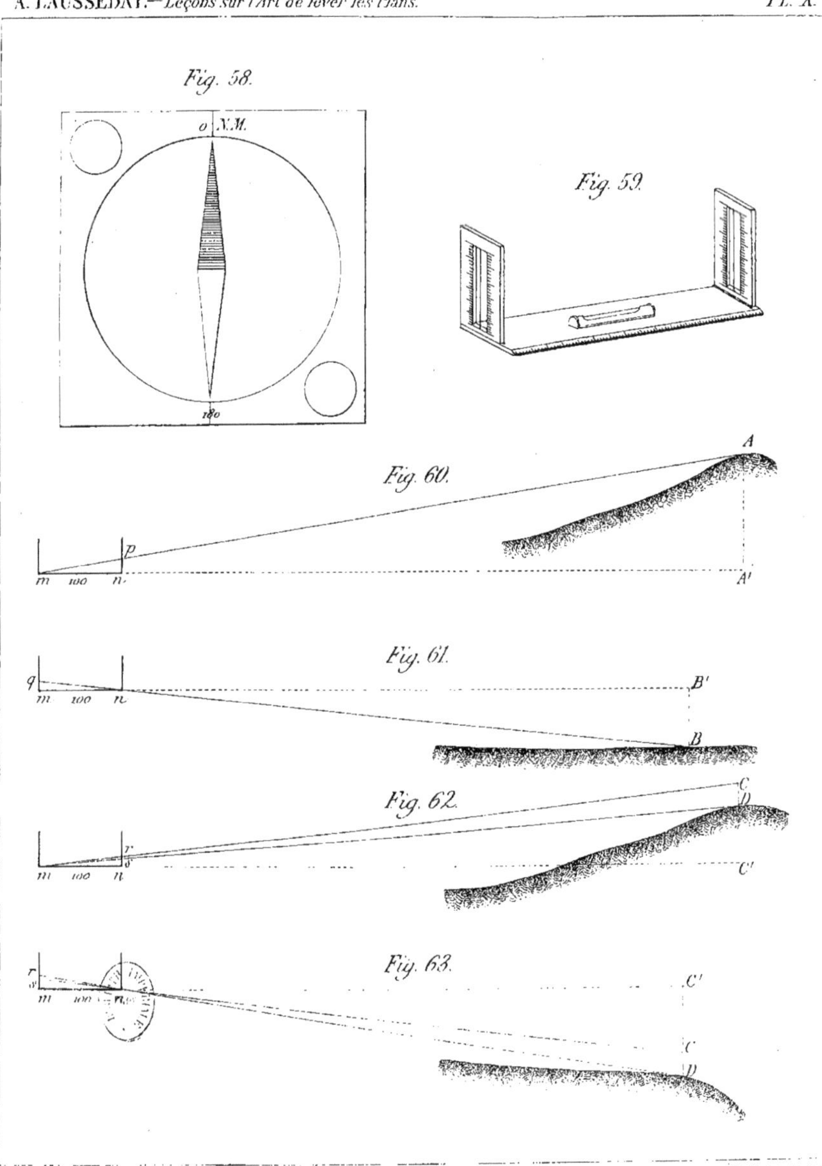
Fig. 58.
o N.M.
180
Fig. 59.
Fig. 60.
A
p
m 100 n
A'
Fig. 61.
q
m 100 n
B'
B
Fig. 62.
C
D
r
s
m 100 n
C'
Fig. 63.
r
s
m 100 n
C'
C
D

LIBRAIRIE DE MALLET-BACHELIER,
Quai des Augustins, 55.

BABINET, Membre de l'Institut (Académie des Sciences), et **HOUSEL**, Professeur de Mathématiques. — **Calculs pratiques appliqués aux sciences d'observation.** In-8 avec 75 figures dans le texte; 1857........ 6 fr.

BALTZER (Dr Richard), Professeur au Gymnase de Dresde. — **Théorie et applications des Déterminants, avec l'indication des sources originales**, traduit de l'allemand, par *J. Hoüel*, Docteur ès Sciences. In-8; 1861........ 5 fr.

BERTHELOT (Marcellin), Professeur de Chimie organique à l'École de Pharmacie. — **Chimie organique fondée sur la Synthèse.** 2 forts vol. in-8 (1520 pages) tirés sur grand raisin; 1860........ 20 fr.

BILLET (F.), Professeur de Physique à la Faculté des Sciences de Dijon. — **Traité d'Optique physique.** 2 forts volumes in-8 avec 14 planches composées de 337 figures........ 15 fr.

BIOT (J.-B.), Membre de l'Institut (Académie des Sciences). — **Traité élémentaire d'Astronomie physique.** 5 forts vol. in-8 avec 94 planches; 3e édition corrigée et augmentée........ 65 fr.

BRESSE, Professeur de Mécanique à l'École des Ponts et Chaussées, Répétiteur à l'École Polytechnique. — **Cours de Mécanique appliquée professé à l'École des Ponts et Chaussées.**

Première Partie : *Résistance des Matériaux et Stabilité des Constructions.* — In-8, avec figures dans le texte; 1859........ 8 fr.

Deuxième Partie : *Hydraulique.* — In-8, avec figures dans le texte et une planche; 1860........ 8 fr.

BRIOSCHI (F.), Professeur de Mathématiques appliquées à l'Université de Pavie. — **Théorie des Déterminants** et leurs principales applications; traduit de l'italien par M. *Édouard Combescure*, Professeur de Mathématiques. In-8; 1856........ 5 fr.

BRIOT, Professeur de Mathématiques au Lycée Saint-Louis, Maître de conférences à l'École Normale supérieure, et **BOUQUET**, Professeur de Mathématiques spéciales au Lycée Louis-le-Grand, Répétiteur à l'École Polytechnique. — **Théorie des Fonctions doublement périodiques et, en particulier, des Fonctions elliptiques.** In-8 avec figures dans le texte; 1859........ 6 fr.

CHASLES, Membre de l'Institut. — **Les trois livres de Porismes d'Euclide, rétablis pour la première fois, d'après la Notice et les Lemmes de Pappus, et conformément au sentiment de R. Simson sur la forme des énoncés de ces propositions.** In-8, avec fig. dans le texte; 1860.
Cet ouvrage a été tiré à cinq cents exemplaires......... 10 fr.

DARCY. — **Recherches expérimentales relatives au mouvement des eaux dans les tuyaux**, avec Tables relatives au débit des tuyaux de conduite. In-4 avec 12 grandes planches; 1857........ 20 fr.

DE LA GOURNERIE (Jules), Ingénieur en chef des Ponts et Chaussées, Professeur de Géométrie descriptive à l'École Polytechnique et au Conservatoire des Arts et Métiers. — **Traité de Géométrie descriptive.** Première partie, In-4, avec Atlas de 52 planches; 1860........ 10 fr.

DE LA GOURNERIE (Jules), Ingénieur en chef des Ponts et Chaussées, Professeur de Géométrie descriptive à l'École Polytechnique et au Conservatoire des Arts et Métiers. — **Traité de Perspective linéaire**, contenant les tracés pour les tableaux plans et courbes, les bas-reliefs et les décorations théâtrales, avec une théorie des effets de perspective; Ouvrage conforme au cours de perspective qui fait partie de l'enseignement de la Géométrie descriptive au Conservatoire des Arts et Métiers. In-4, avec atlas in-folio de 45 planches, dont 8 doubles........ 40 fr.

DELAISTRE (L.), Professeur de Dessin général. — **Cours complet de Dessin linéaire, gradué et progressif**, contenant la Géométrie pratique, élémentaire et descriptive, l'Arpentage, la Levée des Plans et le Nivellement; le Tracé des Cartes géographiques; des Notions sur l'Architecture; le Dessin industriel; la Perspective linéaire et aérienne; le Tracé des Ombres et l'étude du Lavis. *Quatre Parties*, composées de 60 Planches et 70 pages de texte in-4 oblong à deux colonnes, tirées sur jésus.

Prix de l'Ouvrage complet cartonné........ 15 fr.

Messieurs les Professeurs et les Élèves pourront se procurer les Planches *séparément* sans le texte. — Prix de chaque Planche........ 25 c.

DUHAMEL, Membre de l'Institut. — **Éléments du Calcul infinitésimal.** 2 vol. in-8, pl.; 2e édition; 1860-1861........ 12 fr.

FRENET, Professeur à la Faculté des Sciences de Lyon. — **Recueil d'Exercices sur le Calcul infinitésimal.** In-8, avec planches; 1856........ 5 fr.

EBELMEN, Ingénieur en chef au Corps impérial des Mines, Docimacie à l'École des Mines de Paris, Administrateur de la impériale de Porcelaine de Sèvres. — **Recueil de Travaux** revu et corrigé par M. *Salvétat*, Chimiste à la Manufacture Sèvres, précédé d'une Notice sur M. *Ebelmen* par M. *Che* de l'Institut. 1re partie, **Chimie.** — 2e partie, **Céramique. Géologie.** — 4e partie, **Métallurgie.** 3 volumes in-8, avec texte; 1855-1861

HATON DE LA GOUPILLIÈRE (J.-N.), Ingénieur des Mi d'Analyse et de Mécanique à l'École des Mines, Répétiteur technique, Docteur ès Sciences mathématiques. — **Élémen infinitésimal.** In-8, avec figures dans le texte; 1860.......

HATON DE LA GOUPILLIÈRE (J.-N.), Ingénieur des Min de Mécanique à l'École impériale des Mines, Professeur-Su canique à la Faculté des Sciences de Paris, Répétiteur d l'École Polytechnique. — **Traité théorique et pratique nages.** In-8, avec figures dans le texte; 1861........

JONQUIÈRES (E. de), Lieutenant de vaisseau. — **Mélanges pure**, comprenant diverses applications des théories exp **Traité de Géométrie supérieure** de M. *Chasles*, au mou ment petit d'un corps solide libre dans l'espace, aux secti aux courbes du troisième ordre, etc., et la traduction *Maclaurin* sur les **Courbes du troisième ordre.** In-8, pl.

JULLIEN (le P.), de la Compagnie de Jésus. — **Problèmes d rationnelle** disposés pour servir d'application aux princi dans les Cours. — Cet ouvrage renferme les questions nouve duites dans le Programme de la licence et de nombreuse pratiques. 2 vol. in-8, avec 96 figures dans le texte; 1855..

LAMÉ, Membre de l'Institut. — **Leçons sur la Théorie math l'élasticité des corps solides.** In-8, avec pl.; 1852........

LAMÉ, Membre de l'Institut. — **Leçons sur les Fonctions transcendantes et les surfaces isothermes.** In-8, avec fi texte; 1857........

LAMÉ, Membre de l'Institut. — **Leçons sur les Coordonnées et leurs diverses applications.** In-8, avec fig. dans le texte

LAMÉ, Membre de l'Institut. — **Leçons sur la Théorie anal Chaleur.** In-8, avec figures dans le texte; 1861........

LAURENT (A.), Membre correspondant de l'Institut (Acadé ces, Section de Chimie), Ingénieur des Mines, ancien Profess à la Faculté des Sciences de Bordeaux, Essayeur à la Monnaie **de Chimie**, précédée d'un **Avis au lecteur**, par M. *Biot*, l'Institut. In-8, avec figures dans le texte; 1854........

MATTEUCCI (C.), professeur de Physique à l'Université de P **spécial sur l'Induction, le Magnétisme de rotation, le tisme, et sur les relations entre la force magnétique et moléculaires.** In-8, avec planches; 1854........

MATTEUCCI. — **Cours d'Électro-physiologie**, professé à l' Pise en 1856. In-8, avec planches; 1858........

MEISSAS (N.), ancien Ingénieur du chemin de fer de Paris à Membre de l'Académie impériale de Reims, Censeur des Étu de Cahors. — **Tables pour servir aux études et à l'exé chemins de fer, ainsi que dans tous les travaux où l'o du cercle et de la mesure des angles.** (Ouvrage honoré cription du Ministre des Travaux publics.) Volume in-12 de 1860........

REECH, directeur de l'École impériale d'Application du Génie **Théorie de l'Injecteur automoteur des chaudières à M. H. Giffard.** In-4, avec planches, 1860........

STURM, Membre de l'Institut (Académie des Sciences). — **C lyse de l'École Polytechnique**, publié, d'après le vœu par M. *E. Prouhet*, Répétiteur à l'École Polytechnique. 2 vo figures dans le texte; 1857........

WITH, (Émile), Ingénieur civil. — **Manuel aide-mémoire d teur de travaux publics et de machines**, comprenant le Fo **les Données d'expérience de la construction.** Deuxième éd 1861

Paris. — Imprimerie de MALLET-BACHELIER, rue de Seine-Saint-Germain, 10, près l'Institut.

www.ingramcontent.com/pod-product-compliance
Ingram Content Group UK Ltd.
Pitfield, Milton Keynes, MK11 3LW, UK
UKHW020154200726
13856UKWH00003B/996